Safina Parveen Munsaf Khan

Cérebro biónico para robótica humanoide

Safina Parveen Munsaf Khan

Cérebro biónico para robótica humanoide

Modelação Matemática e Teórica e Mapeamento da Inteligência Artificial Forte

ScienciaScripts

Imprint

Any brand names and product names mentioned in this book are subject to trademark, brand or patent protection and are trademarks or registered trademarks of their respective holders. The use of brand names, product names, common names, trade names, product descriptions etc. even without a particular marking in this work is in no way to be construed to mean that such names may be regarded as unrestricted in respect of trademark and brand protection legislation and could thus be used by anyone.

Cover image: www.ingimage.com

This book is a translation from the original published under ISBN 978-620-8-42158-8.

Publisher:
Sciencia Scripts
is a trademark of
Dodo Books Indian Ocean Ltd. and OmniScriptum S.R.L publishing group

120 High Road, East Finchley, London, N2 9ED, United Kingdom
Str. Armeneasca 28/1, office 1, Chisinau MD-2012, Republic of Moldova, Europe
Managing Directors: Ieva Konstantinova, Victoria Ursu
info@omniscriptum.com

Printed at: see last page
ISBN: 978-620-3-26651-1

Conteúdo

Resumo

São considerados modelos matemáticos para a inteligência artificial (IA) e a engenharia do cérebro biónico para aplicações de robótica humanoide. Parte-se do princípio de que a IA é realizada com base em computadores. Os computadores são controlados por algoritmos sob a forma de software. Consequentemente, é natural assumir que a IA tem de ser realizada por algoritmos e é razoável modelar a IA através de modelos matemáticos de algoritmos. Ao investigar estes modelos, é possível prever as capacidades, as limitações e as deficiências da IA. Para além disso, esses modelos gerais, a que chamamos modelos superiores de IA, podem abranger diferentes tipos e espécies de inteligência dos seres humanos. Existem diversas classes de modelos matemáticos de algoritmos: Máquinas de Turing, autómatos finitos, funções recursivas, RAM, etc. Consequentemente, a IA pode ser realizada por algoritmos que pertencem a uma destas classes. Dado que as diferentes classes têm frequentemente um poder computacional diferente, as capacidades de realização podem ser diferentes. Existem três tipos principais de modelos matemáticos de algoritmos: recursivos (como as máquinas de Turing ou as funções recursivas parciais), sub-recursivos (como os autómatos finitos ou as máquinas de Turing em tempo real) e algoritmos super-recursivos (como as máquinas de Turing indutivas). Compara-se aqui a capacidade da IA baseada em algoritmos recursivos (máquinas de Turing) e super-recursivos (máquinas de Turing indutivas). Está provado que a IA baseada em máquinas de Turing indutivas é muito mais poderosa do que a IA construída através de algoritmos convencionais. Em particular, é demonstrado que o famoso teorema da incompletude de Gödel para sistemas formais só é verdadeiro quando são utilizados algoritmos convencionais para as provas. Isto explica como as pessoas resolvem problemas relacionados com sistemas incompletos com propriedades não-decidíveis. A utilização de máquinas de Turing indutivas para provar teoremas torna muitos desses sistemas completos e decidíveis. Uma vez que a prova de teoremas e a lógica são utilizadas habitualmente na IA, estes resultados têm implicações importantes para a IA. Na minha investigação, comecei por analisar a literatura, a história da IA e da robótica a partir de várias fontes de dados e informações secundárias, como livros brancos, ensaios curtos, documentos de investigação, documentos de análise de investigação, jornais, monografias e livros de referência padrão no domínio da IA, robótica e robótica humanoide. Recolhi e refinei os dados e voltei a refiná-los até que os dados se transformassem em informação, onde filtrei ainda mais a informação para a converter em inteligência, a fim de desenvolver o cérebro biónico (artificial) mais sofisticado para a engenharia da robótica humanoide com coordenadas de mapeamento em modelos, como a minha contribuição para este domínio, com a ajuda do meu trabalho de investigação realizado nesta tese, com a extração de dados primários em inteligência.

A Inteligência Artificial e a sua integração de nível avançado abrem caminho a várias novas tecnologias como a Biónica e o Ciborgue. O presente trabalho aborda a biónica, pelo que não me concentro agora no ciborgue, que é uma investigação igualmente emergente. Comecei a trabalhar na biónica nos últimos 13 anos e, nos resultados, encontrei várias soluções possíveis, das quais estou a discutir aqui através do modelo desenvolvido [1,3,4]

BIONIC *BIONICS* é um termo comum para a tecnologia da informação bio-inspirada, que inclui normalmente três tipos de sistemas, nomeadamente:

0 Dispositivos electrónicos/ópticos biomórficos (por exemplo, neuromórficos) e de inspiração biológica,

0 Próteses artificiais autónomas com sensor-processador-ativador e dispositivos diversos incorporados no corpo humano, e

0 Simbioses interactivas vivas-artificiais, por exemplo, dispositivos ou robôs controlados pelo cérebro.

Apesar da utilização restritiva do termo "biónica" na cultura popular, bem como das promessas não cumpridas nos domínios das redes neuronais, da inteligência artificial, da computação suave e de outras áreas "sobrevendidas", foi acordado que o nome *biónica*, tal como definido acima, é o mais adequado para a tecnologia emergente também descrita como tecnologia da informação de inspiração biológica (algumas pessoas sugerem *info-biónica*). Existem numerosos programas em várias agências de financiamento que estão a apoiar partes deste domínio sob vários outros nomes [1, 5].

CÉREBRO BIÓNICO

Cérebro biónico significa cérebro "biológico-eletrónico" com inteligência natural mimetizada, artificialmente num chip de silício, que permite um funcionamento semelhante ao cérebro biológico do ser humano (consultar o meu artigo completo mencionado na referência n.º 2 para mais informações). Os cientistas estão a começar a analisar muito mais de perto os mecanismos do cérebro e a forma como este aprende, evolui e desenvolve a inteligência a partir de um sentido de consciência (Aleksander, 2002). Por exemplo, os criadores de software de IA começam a associar-se a psicólogos cognitivos e a utilizar conceitos das ciências cognitivas. Outro exemplo centra-se no trabalho dos "conexionistas", que chamam a atenção para a arquitetura dos computadores, argumentando que a disposição da maioria dos programas simbólicos de IA é fundamentalmente incapaz de apresentar as caraterísticas essenciais da inteligência em qualquer grau útil. Como alternativa, os conexionistas pretendem desenvolver redes neurais artificiais (RNA) de IA. Com base na estrutura do sistema nervoso, estes "modelos cognitivos-computacionais" são concebidos para exibir alguma forma de aprendizagem e "senso comum", estabelecendo ligações entre significados (Hsiung, 2002). Assim, as RNAs funcionam de forma semelhante ao cérebro: à medida que a informação chega, as ligações entre os nós de processamento são reforçadas (se a nova evidência for consistente) ou enfraquecidas (se a ligação parecer falsa) (Khan, 2002). O aparecimento das RNAs reflecte uma mudança de paradigma subjacente na comunidade de investigação em IA e, como resultado, estes sistemas têm inegavelmente recebido muita atenção nos últimos tempos. No entanto, independentemente do seu sucesso na criação de interesse, o facto é que as RNA ainda não foram capazes de substituir a IA simbólica. Como Grosz e Davis (1994) observam: *A IA simbólica produziu a tecnologia que está na base dos poucos milhares de sistemas especializados baseados no conhecimento utilizados atualmente na indústria"*. Um grande desafio para a próxima década é, portanto, alargar significativamente esta base para tornar possíveis novos tipos de sistemas de aplicação de grande impacto. Um segundo grande desafio será assegurar que a IA continue a integrar-se em áreas conexas da investigação em computação e noutros domínios (Doyle e

Dean, 1996). Por exemplo, os tipos de desenvolvimentos descritos para a nanotecnologia podem contribuir de alguma forma para acelerar o progresso da IA, nomeadamente através da interface de sensores. Por estas razões, a lista dos principais domínios de investigação que se segue não deve ser considerada nem exaustiva nem clara. De facto, as futuras categorizações serão sempre diferentes. O meu trabalho de investigação consiste, em parte, em modelos extraídos com base matemática e, em parte, em modelos baseados em quadros teóricos e ambos são igualmente necessários e importantes para a "Análise teórica e modelação matemática para o mapeamento e engenharia do cérebro biónico (artificial) para aplicações robóticas".

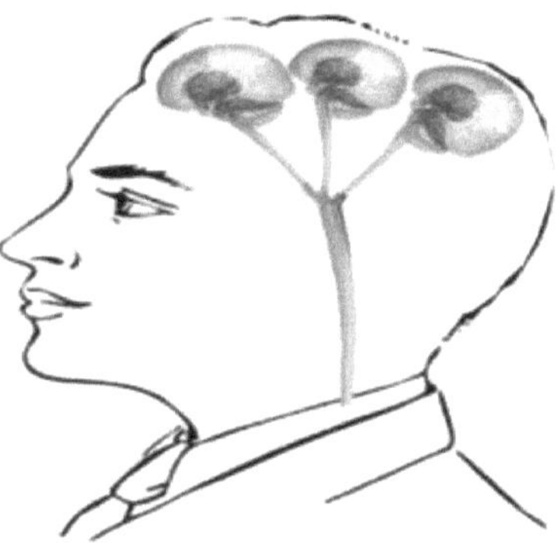

Figura: Demonstração do cérebro biónico

CAPÍTULO 1

Revisão da literatura e introdução

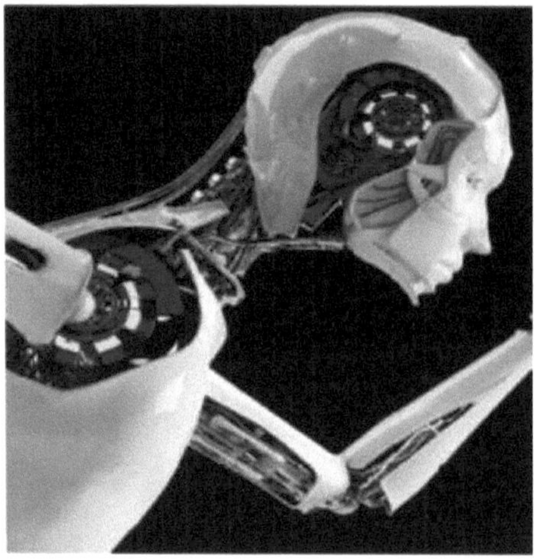

Revisão da literatura

Universidade de Stanford (1970-74)

Um dos primeiros a experimentar uma abordagem baseada na semântica da IA foi Yorick A. Wilks no seu protótipo de sistema de tradução automática inglês-francês no início da década de 1970 (Wilks 1973a, 1973b, 1975a). Wilks tinha ido para a Universidade de Stanford em 1970, depois de ter deixado a Unidade de Investigação Linguística de Cambridge (Cap. 5.2). Foi em Stanford, entre 1970 e 1974, que Wilks trabalhou no seu sistema experimental de MT. Wilks via o seu trabalho na MT como essencialmente um 'banco de ensaio' para a IA e não como investigação sobre a MT propriamente dita, e a IA tem sido o principal interesse de Wilks nos anos seguintes, primeiro na Universidade de Edimburgo (1975-76), depois na Universidade de Essex (1977-84) e agora na Universidade do Novo México (Wilks 1985). No entanto, embora Wilks não tenha feito investigação em MT em Edimburgo e Essex, esteve fortemente envolvido no grupo Leibniz e na conceção geral e nos aspectos semânticos da Eurotra (Cap. 14.2). O texto da LE é primeiro dividido em marcadores de pontuação e 'palavras funcionais' (preposições e conjunções) em fragmentos, por exemplo, *I advised him to go* torna-se '(I advised him) (to go)'. Cada fragmento é então testado em relação a um inventário de modelos, quadros semânticos que exprimem as 'essências' de (partes de) frases sob a forma de triplos de caraterísticas semânticas. Por exemplo, o modelo MAN HAVE THING (parafraseado talvez como "algum ser humano possui algum objeto") seria comparado com uma frase como *John owns a car*. MAN, HAVE e THING pretendem ser primitivos semânticos interlinguísticos que seriam encontrados como os principais traços semânticos das palavras *John*, *own* e *car*, respetivamente. As fórmulas semânticas ou definições de palavras são construídas a partir de primitivos semânticos, por exemplo, a fórmula para *bebida* é

((*ANI   SUBJ)((((FLOW   STUFF)OBJE)((*ANI   IN)(((THIS(*ANI(THRU PART)))TO)(BE CAUSE))))).

Isto deve ser lido como "uma ação, preferencialmente realizada por coisas animadas (*ANI SUBJ) a líquidos ((FLOW STUFF)OBJE), de fazer com que o líquido esteja na coisa animada

(*ANI IN) e através (TO indicando o caso de direção) de uma abertura particular da coisa animada; a boca, claro" (Wilks 1973a). A análise semântica dos itens lexicais não vai além do necessário; neste contexto, não há necessidade de distinguir *boca* de outras aberturas. A noção de preferência é uma caraterística central do método de Wilks: SUBJ indica os agentes preferidos das acções e OBJE os objectos ou pacientes preferidos, não estipulam caraterísticas obrigatórias de agentes e pacientes e, por isso, permitem usos anormais, por exemplo, carros que bebem gasolina. Desta forma, a semântica de preferências de Wilks pode lidar com muitos tipos de expressões metafóricas sem aumentar a complexidade das entradas de dicionário (Wilks 1975b). A fase final da análise produz uma rede de dependências de relações semânticas com base nas ligações de casos especificadas. Assim, o nosso exemplo de frase *o relógio foi vendido pelo joalheiro a um homem de barba ruiva* pode receber a análise mostrada na Fig.

Neste momento, estabelecem-se relações entre as redes de fragmentos; assim, uma frase temporal (*durante a guerra*) pode estar ligada ao elemento 'ação' de um fragmento anterior ou posterior. É de notar que as ligações se estabelecem não só no interior das frases, mas também para além das fronteiras das frases, uma vez que a unidade de base não é a frase, mas a frase (fragmento). Algumas ligações que envolvem referência pronominal recorrem a regras de 'inferência de senso comum'. Por exemplo, na frase *os soldados dispararam contra as mulheres e vimos várias delas caírem*, a ligação do pronome *elas* ao substantivo *mulheres* e não ao outro substantivo *soldados* é feita com base numa regra de senso comum que estabelece que, se um objeto animado for atingido, é provável que caia. Por outras palavras, esta regra estabelece uma relação causal entre os componentes dos modelos dos fragmentos em questão. As caraterísticas distintivas do método analítico de Wilks são, portanto, a utilização exclusiva de caraterísticas semânticas na "análise" das frases, a utilização da semântica de preferência e das regras de inferência do senso comum e a análise das relações discursivas. Em nenhum momento é feita qualquer referência às estruturas sintácticas ou mesmo aos limites das frases. Categorias gramaticais como o substantivo e o verbo não têm qualquer papel, nem mesmo na resolução de homógrafos: para identificar o sentido verbal de *pai* numa frase como *Small men sometimes father big sons*, o programa precisa apenas de descobrir que a fórmula semântica com CAUSE como 'cabeça' é a única que encaixa nas outras 'cabeças' num modelo aceitável. No sistema de Wilks, as representações semânticas são alcançadas sem recurso a uma análise sintáctica prévia. Depois de regressar ao Reino Unido em 1975, Wilks sugeriu aperfeiçoamentos ao seu modelo de semântica de preferências. Em *O meu carro bebe gasolina,* o sistema aceita *o carro* como um elemento de preenchimento no modelo para *beber* porque, apesar de estar à espera de uma entidade animada, não há concorrente. Em vez de aceitar simplesmente uma estrutura que viola as preferências, o sistema pode interpretar a leitura anómala. O mecanismo para isto, sugerido por Wilks (1978), é a incorporação de 'informação do tesauro', bem como de primitivos em fórmulas (cf. o projeto CLRU, Cap. 5.2) e 'pseudo-textos' que expressam conhecimento sobre itens lexicais. Assim, a fórmula para *carro* pode incluir o item do tesauro 'motor': (((((@engine PART) OBJE) (SELF USE)) CAMINHO) ((AUTO MOVER) OBJECTIVO) (HOMEM USAR) (OBJE COISA). O pseudo-texto para carro incluiria 'afirmações' (em fórmulas) no sentido de que: (1) um humano injecta um líquido usando um tubo; (2) o líquido é

no carro; (3) o motor utiliza o líquido; (4) o carro move-se; 5) o ser humano no carro move-se; etc.

Dado que *My car drinks gasoline*, este pseudo-texto é utilizado para fazer uma projeção com base na semelhança de *drink* e 'inject' (através da entrada do thesaurus para inject) de que a frase corresponde à quarta afirmação, ou seja, 'engine uses liquid'. Esta projeção fornece uma interpretação da frase. Há algumas semelhanças entre as representações de fórmulas de Wilks e as representações de dependências conceptuais de Schank (Schank e Wilks estavam ambos em Stanford no início dos anos 70.) Mas a principal influência sobre Wilks foi a da Unidade de Investigação Linguística de Cambridge e da sua diretora Margaret Masterman (Cap. 5.2). Os modelos de Wilks têm muitas semelhanças com as estruturas semânticas de mensagens do grupo de Cambridge, as suas primitivas correspondem de perto às

CLRU na Interlingua de Richens e, claro, há a aplicação do conceito de tesaural. A influência do CLRU foi ainda mais transparente na investigação de Wilks na

Systems Development Corporation, em Santa Mónica, durante 1966-67. No seu relatório sobre este programa de análise semântica de textos filosóficos (Wilks 1972), reconhece também a influência de Wittgenstein na sua conceção de relações semânticas (ou seja, "semelhanças de família") e de formas de mensagens semânticas. Foi este trabalho que esteve na base da sua experiência de MT em Stanford.

Universidade de Yale (1978-82)

Houve dois projectos no Departamento de Ciências Informáticas da Universidade de Yale que experimentaram a MT 'baseada no conhecimento'. Ambos adoptam representações interlinguísticas baseadas nas representações de 'dependência concetual' desenvolvidas por Roger Schank (1975). A essência da abordagem de Schank é que a modelação da compreensão humana da linguagem requer a representação do significado em termos de relações semânticas 'primitivas' ('dependências conceptuais') que expressam não só o que está explícito nas formas superficiais, mas também o que está implícito ou pode ser inferido. Assim, uma representação de dependência concetual de *João deu um murro na Maria* seria a que se mostra na Fig.

Esta representação pode ser "parafraseada" como Num dado momento, o João aplicou uma força ao objeto punho do João, na direção de João para Maria; fê-lo movendo o punho na direção de João para Maria; a sua ação de aplicar força ao punho fez com que o punho do João entrasse em contacto com Maria. A análise de dependência concetual requer, portanto, bases de dados de "conhecimento contextual". Aplicada a um sistema de MT, a abordagem pode ser esquematizada como na Fig.

No sistema rudimentar de tradução automática interlinguística desenvolvido em 1978 por Carbonell, Cullingford e outros (1981), um texto simples em inglês, o relatório de um acidente, é analisado numa representação concetual independente da língua, através da referência a "guiões" sobre o que acontece em acidentes de viação, ambulâncias, hospitais, etc. A representação resultante é a base para gerar versões russas e espanholas do relatório original. As fases de análise do sistema foram as seguintes: o primeiro módulo foi o Intérprete de Língua Inglesa, que analisou o texto de entrada do SL numa representação de significado; em seguida, um segundo módulo identificou e etiquetou objectos referenciais (pessoas, lugares, coisas estáticas); depois, o "aplicador de guiões" liga o texto a um "guião" apropriado na sua base de dados de guiões (a base de dados de conhecimentos). O resultado nesta fase é o tipo de representação apresentado abaixo. A tarefa básica de compreensão do texto é executada pelo 'aplicador de guiões': localizar a entrada nas partes relevantes de um guião, ligar a nova entrada ao que foi feito anteriormente e fazer previsões sobre o que provavelmente se seguirá. Em cada atividade, utiliza o "conhecimento do mundo" para tornar explícitas as ligações que estão apenas implícitas no próprio texto. Entre as inferências mais importantes que faz, contam-se as que dizem respeito à conclusão de cadeias causais de acontecimentos, ou seja, neste caso, os "guiões" de acidentes, ambulâncias e hospitais. Por exemplo, ele faz a conexão crucial (não declarada no texto do SL) de que a pessoa levada ao hospital deve ter sido ferida no acidente. Isto é possível porque ele 'sabe' para que servem as ambulâncias e os hospitais. Outras inferências estabelecem referências pronominais entre frases.

Outras abordagens de IA.

De certo modo, quase todos os projectos de IA que envolvam a análise de textos em língua natural como representações "conceptuais" e a geração de textos de superfície podem ser considerados como um sistema embrionário de MT interlinguística. Tucker e Nirenburg (1984), por exemplo, descrevem o trabalho de Wilensky e Arens no grupo de IA de Berkeley como oferecendo esse potencial. O grupo desenvolveu analisadores e geradores de inglês para interfaces de linguagem natural para o sistema operativo UNIX (Wilensky et al. 1984). Tanto o analisador PHRAN (phrasal analyser) como o gerador PHRED (phrasal English diction) são facilmente extensíveis a outras línguas para além do inglês, e essas extensões do PHRAN foram implementadas em espanhol e chinês. Aparentemente, foi tentado um pequeno sistema de tradução inglês-espanhol. Com exceção do sistema de Wilks, todos os grupos acima mencionados adoptam basicamente a abordagem de dependência concetual de Schank para as representações "interlinguais". Outros projectos de IA seguiram linhas diferentes.

Instituto de Tecnologia de Massachusetts (1971-74)

Mais ou menos na mesma altura em que Wilks fazia experiências em Stanford, havia também um projeto de pequena escala no Massachusetts Institute of Technology que tentava integrar métodos de IA num sistema de MT. Patrocinado pelo Office of Naval Research, a investigação foi feita como parte da tese de Gretchen Purkhiser Brown (1974). O objetivo de Brown era um sistema alemão-inglês que implementasse o PROGRAMMAR de Winograd (Winograd 1972) numa conceção de MT interlinguística. A análise da SL envolvia uma análise morfológica e sintáctica inicial e depois a transformação em representações em termos de primitivos semânticos. As formas do inglês TL deviam ser geradas a partir de representações semânticas. Para a desambiguação das estruturas de análise da LE (ou seja, as ambiguidades que não podiam ser resolvidas por meios sintácticos), o sistema devia incluir uma componente de "compreensão". As representações deveriam ser verificadas quanto à sua coerência e compreensibilidade em relação a uma base de conhecimentos, contendo definições de itens lexicais em termos de primitivos semânticos e informações sobre o "mundo real". Uma das suas tarefas seria, por exemplo, a determinação dos antecedentes dos pronomes com base em informações semânticas sobre relações dentro do texto e de relações hierárquicas conceptuais, por exemplo, que os polvos são criaturas marinhas. A componente "compreensão" devia também tratar de informações temáticas, de informações dadas e novas, de problemas de utilização de metáforas. Infelizmente, nenhuma das componentes de 'compreensão' foi implementada. Em resultado, o sistema atual (que se baseava num corpus de texto muito pequeno) era pouco mais do que um programa convencional de análise e síntese.

Universidade de Essex e Universidade do Novo México (1983-

A investigação de Xiaming Huang do Instituto de Linguística da Academia Chinesa de Ciências Sociais, Pequim, China, tem sido efectuada desde 1983, primeiro na Universidade de Essex (Colchester, Reino Unido) e depois na Universidade Estatal do Novo México (Las Cruces, EUA). Trata-se de uma implementação em Prolog da 'gramática de cláusulas definidas' (uma versão da gramática de estrutura de frases sem contexto), da gramática de casos e da semântica de preferência de Wilks . Huang (1984, 1985) descreve um sistema 'interlíngue' inglês-chinês de pequena escala, o XTRA, concebido principalmente para testar problemas de ambiguidade em estruturas coordenadas, em orações relativas, em orações de particípio e em combinações de frases preposicionais. A análise incorpora tanto a análise sintáctica como a semântica, e as representações interlinguais são basicamente árvores de dependência com ranhuras para casos e caraterísticas semânticas conjuntas.

Instituto de Tecnologia da Geórgia (1982-

Richard Cullingford, que tinha colaborado com Carbonell em Yale, continuou a investigar a abordagem da IA no Georgia Institute of Technology (Cullingford & Onyshkevych (1985). Tal como anteriormente, a componente básica é uma representação interlinguística baseada na abordagem da dependência concetual. No entanto, em vez de se tirarem inferências de 'guiões' (ou MOPs) para prever e construir representações, as principais fontes de previsões são as entradas lexicais. A entrada de, por exemplo, soco seria: (propel ator (person) obj (bpart btype (hand)) to (physcont val (bpart partof (person)))) Os 'slots' para ator, obj(ect) e destinatário (to) seriam preenchidos por itens apropriados na frase analisada. O método foi testado num pequeno sistema ucraniano-inglês. As entradas lexicais ucranianas contêm informações sobre o caso (nominativo, acusativo, etc.), o género e o número, para além de informações semânticas. O método de Cullingford de "análise orientada pelo léxico" pode ser considerado como um refinamento dos analisadores 'case frame' (sem a informação sintáctica), e como estando intimamente relacionado com o analisador 'word expert' de Small (1983), cf.19.3 abaixo.

Universidade de Colgate (1983)

O sistema de tradução automática que está a ser desenvolvido na Universidade de Colgate por Allen Tucker, Sergei Nirenburg e outros (Tucker & Nirenburg 1984; Nirenburg et al. 1985) adopta uma abordagem de IA, na medida em que tem uma interlíngua e uma base de conhecimentos. Há, no entanto, um acréscimo importante: o sistema TRANSLATOR pretende também incluir representações da experiência dos tradutores humanos. Neste sentido, o projeto é uma experiência de modelização da tradução humana. O objetivo é um sistema de tradução automática multilingue para as quatro línguas: inglês, japonês, russo e espanhol. Na sua conceção geral, o TRANSLATOR é um sistema interlinguístico "convencional": a análise morfossintáctica e semântica converte o texto do SL em representações do IL (produzindo normalmente conjuntos de interpretações alternativas), e um módulo de geração converte as representações do IL em texto do TL. A diferença reside na inserção de um módulo 'Inspetor', a encarnação de um tradutor especializado, que examina as análises interlinguais alternativas dos textos do SL e decide qual é a mais plausível no contexto por referência a uma base de conhecimentos. O Inspetor é assim considerado como uma simulação do consultor humano num sistema de tradução automática interativo, cf. abaixo o sistema Brigham Young
(Cap. 17.10) e o sistema DLT em desenvolvimento 2.16.3), ou como dizem os projectistas: "O desafio... é simular o comportamento do pós-editor e assim chegar a uma tradução de alta qualidade *antes* de o texto alvo ser sintetizado e não depois." (Tucker & Nirenburg 1984). A base de conhecimento do TRANSLATOR tem os seguintes componentes (Nirenburg et al.1985): Dicionário IL, dicionário SL-IL, dicionário IL- TL, gramática SL, programa tradutor SL-IL (conjunto de analisadores), gramática IL, inspetor IL, base de conhecimento do inspetor, gramática TL, programa tradutor IL-TL. As caraterísticas de IA do TRANSLATOR são a incorporação do conhecimento do mundo "independente da língua" no dicionário IL e a inclusão de um "sistema pericial" no inspetor IL. A Interlíngua (IL) é considerada como uma língua "completa" com o seu próprio léxico e gramática. Como no caso da maioria dos sistemas interlinguísticos (cf. Cap. 10), os criadores do TRANSLATOR não tentam fazer uma análise componencial do significado (por exemplo, decomposição em primitivos semânticos); o dicionário da IL é, portanto, essencialmente um conjunto de mapeamentos SL e TL. As entradas no dicionário IL incluem relações hierárquicas ('é-um', 'consiste-em', etc.),

especificação do contexto da 'sublíngua' e informação sobre a valência, ou seja, 'quadros' que especificam que tipos de itens podem estar relacionados com eles em textos (ou melhor, em representações IL de textos). Para estes últimos, são sugeridas as conhecidas "relações de caso": agente, paciente, fonte, objetivo, instrumento, etc. Por último, a gramática de IL especifica os tipos de relações e estruturas de constituintes em que os itens do dicionário de IL podem ocorrer em representações de IL. Foi dada especial atenção à representação das relações temporais, espaciais e inter-clausais (Nirenburg et al. 1985)

Universidade de Massachusetts em Amherst (1985)

O projeto de McDonald (1985) visa desenvolver um analisador de SL que estabelece as decisões discursivas tomadas pelo escritor na composição do texto original, para serem utilizadas pelo gerador de TL na síntese. O analisador pretende identificar a 'classe de realização' para uma dada análise, ou seja, o conjunto de regras que determinaram a forma de superfície particular, como a seleção do substantivo sujeito, a seleção da forma da frase, a seleção do verbo passivo, etc. Estas regras de realização devem então ser convertidas em regras gerativas equivalentes da LT. Exceto que o analisador é baseado em IA, a ideia básica é semelhante à abordagem "análise por síntese" do MIT nos anos 1960.

Pavlenko et al. (2018), O objetivo deste artigo é propor uma abordagem científica e metódica para a utilização de redes neuronais artificiais (RNA) na resolução de desafios práticos da engenharia mecânica. Nesta abordagem, são utilizadas as RNA e as actuais ferramentas de análise numérica (como o método dos elementos finitos) e os métodos de investigação analítica baseados na modelação matemática do estado dinâmico dos sistemas mecânicos. Para uma variedade de questões multidisciplinares, tais como a dinâmica de máquinas rotativas e a interação hidro-aeroelástica de misturas gás-líquido com componentes estruturais deformáveis, são apresentados métodos conceptuais para a aplicação da metodologia acima referida. É possível treinar e aperfeiçoar a conceção da RNA e resolver problemas não lineares de identificação de parâmetros para modelos matemáticos utilizando dados de experiências físicas e simulações numéricas, por oposição à análise de regressão convencional. Este método permite o refinamento de parâmetros em modelos matemáticos lineares e não lineares que representam interações mecânicas e hidromecânicas complexas, apesar de não ser possível determinar uma solução exacta para as equações que definem o processo e de os dados de partida serem incompletos.

Elkatatny et al. (2018), As caraterísticas geomecânicas dinâmicas, como o rácio de Poisson, o módulo de Young e os parâmetros de Lamé, podem ser estimadas utilizando as velocidades de compressão (onda P) e de cisalhamento (onda S). As caraterísticas estáticas das rochas da formação e as tensões in situ são estimadas utilizando estes parâmetros. Quando se trata de poços mais antigos, os registos sónicos podem não estar acessíveis. Quando os registos sónicos estão acessíveis, é possível que as partes em falta nos registos do poço possam alterar as conclusões do estudo. Os dados dos registos de poços não podem ser utilizados por si só para estimar de forma fiável os períodos de percurso das ondas P e S, pelo que esta é uma nova abordagem que os autores agradecem. A velocidade da onda P é utilizada na maioria das correlações conhecidas para estimar a velocidade da onda S. Os dados de registo da linha de fio (densidade aparente, raios gama e porosidade de neutrões) serão utilizados para construir modelos empíricos precisos e simples para prever as durações do trânsito sónico (onda P e onda S). Este poço tem estado a utilizar dados de registo de linha de fio calandrado, o que é uma prática normal na maioria dos poços. Utilizaram uma máquina de vectores de suporte (SVM), uma rede neural (ANN), bem como um sistema de interferência neuro-fuzzy adaptativo para avaliar o desempenho das previsões e determinar qual era a melhor. Uma correlação empírica generalizada simples pode ser construída a partir dos pesos e das tendências do modelo ANN optimizado, que pode ser utilizado para executar modelos de IA sem a utilização de software comercial dispendioso.

Kilickap et al. (2017), Neste trabalho, fatores de corte como velocidade de corte, taxa de avanço e profundidade de corte foram testados para ver como eles afetaram a força de corte, a rugosidade da superfície e o desgaste da ferramenta durante o fresamento da liga Ti-6242S usando fresas de topo de metal duro (WC) de 10 mm de diâmetro. A ANN e a Metodologia de Superfície de Resposta (RSM) foram utilizadas para definir os dados experimentais (RSM). O Levenberg-Marquardt (LM) e os pesos de uma RNA foram utilizados para treinar a rede. O desenho Box Behnken foi utilizado para desenvolver os modelos matemáticos da RSM. Verificou-se uma correspondência estreita entre os resultados da ANN e da RSM e os dados experimentais. Com velocidades de corte elevadas e taxas de avanço e profundidades de corte baixas, foram alcançadas a força de corte e a rugosidade superficial mais baixas. Com velocidades de corte, avanços e profundidades de corte modestos, obteve-se um desgaste reduzido da ferramenta.

Kuo (2016), Utilizando redes neuronais convolucionais (CNN), esta investigação visa responder a duas questões-chave relativas à sua estrutura: é necessária uma função de ativação não linear na saída de todas as camadas intermédias devido a este facto. Qual é o sistema mais vantajoso, o que tem uma única camada ou um sistema em cascata de duas camadas? Para resolver estes problemas, é apresentado um modelo matemático denominado "Rectified-Correlations on a Sphere" (RECOS). Os pesos convergentes dos filtros definem uma coleção de vectores âncora no modelo RECOS após o procedimento de treino da CNN. Os padrões mais comuns são representados por vectores de ancoragem (ou componentes espectrais). O modelo RECOS é utilizado para ilustrar a necessidade de correção. Finalmente, o desempenho de um sistema RECOS de duas camadas é comparado com o de um sistema de camada única. As ilustrações são fornecidas através da LeNet-5 e do MNIST. Por fim, utilizando a Alex Net como exemplo, o paradigma RECOS é alargado de modo a incluir sistemas multicamadas.

Shanmuganathan (2016), tem sido um grande sucesso para os engenheiros do conhecimento em ciências informáticas incluir heurísticas na modelação algorítmica computacional utilizando modelos cerebrais que já foram estabelecidos por cientistas em neurociência, medicina e computação de alto desempenho. Para desenvolver terapias ou doenças do cérebro e do sistema nervoso atualmente classificadas como incuráveis, incluindo a doença de Alzheimer e a epilepsia, é importante aprender mais sobre a arquitetura e a estrutura do cérebro humano/células nervosas e sobre o seu funcionamento. Os investigadores na área da medicina fizeram grandes progressos nas últimas décadas, mas ainda não compreendem totalmente como as pessoas pensam, aprendem e recordam; nem compreendem as ligações entre cognição e comportamento. As estruturas, os componentes, as terminologias associadas e os híbridos das RNA são discutidos neste contexto, com base nos esforços contemporâneos de investigação do cérebro humano.

Mohamadou et al. (2020), A modelação matemática e a IA têm sido utilizadas para estudar a dinâmica e a deteção precoce da COVID-19 nos últimos meses (IA). Esperamos que este trabalho sirva como uma revisão completa da metodologia empregue nestas investigações e como uma base de dados de fonte aberta relacionados com a COVID-19. "A COVID-19 foi objeto de 61 artigos de jornais revistos por pares, relatórios, fichas de informação e sítios Web examinados para este estudo. A maioria da modelação matemática baseou-se nos modelos SEIR e SIR, enquanto a maioria das implementações de IA foram Redes Neurais de Convolução (CNN) utilizando imagens de raios X e TAC, de acordo com o estudo. Relatórios de casos, imagens médicas, tácticas de tratamento, dados demográficos dos profissionais de saúde e movimento da epidemia são apenas algumas das estatísticas facilmente acessíveis. Esta epidemia pode ser combatida com recurso à modelação matemática e à inteligência artificial. A COVID-19 foi também objeto de uma série de conjuntos de dados de fonte aberta. No entanto, há ainda muito trabalho a fazer em termos de expansão das bases de dados. À luz da COVID-19, devem ser investigadas outras aplicações de IA e modelação relacionadas com os cuidados de saúde.

Vo et al. (2019), A crescente relevância da produção de hidrogénio a partir do gás natural tornou o reformador de metano a vapor (SMR) cada vez mais apelativo. No âmbito desta investigação, foram produzidos modelos para o reator, a parede e o forno de um SMR. O modelo SMR gerado foi verificado utilizando dados de referência como a temperatura, a pressão, a fração molar e o fluxo médio de calor com um erro mínimo (menos de 4%). Ficou provado que as previsões do modelo eram exactas quando as especificações do catalisador e as circunstâncias de funcionamento eram alteradas. Para criar os dados de desempenho do SMR, o modelo proposto foi utilizado com quatro variáveis operacionais principais: o caudal de entrada, a temperatura, a relação S/C e o caudal de entrada do lado do forno. A decomposição do valor singular foi utilizada para avaliar o conjunto de dados resultante, a fim de minimizar a sua dimensionalidade. Foram utilizados 81 conjuntos de dados para treinar uma rede neural artificial (RNA) que utilizou a retropropagação feed forward para mapear a ligação entre as variáveis operacionais e as saídas previstas. Antecipou os resultados (temperatura, velocidade, pressão e percentagem molar dos componentes) com mais de 98% de precisão. Além disso, o tempo de computação foi reduzido de 1200 s para apenas 2 s (utilizando uma simulação dinâmica) (ANN). O funcionamento em linha e a otimização de um reformador com elevada precisão podem também ser utilizados para a conceção de um sistema de produção de hidrogénio com custos de computação reduzidos, utilizando os métodos propostos neste estudo.

Ceylan (2008), neste estudo, a madeira de choupo e de pinho foi seca num secador com bomba de calor que funcionou 24 horas por dia. Na sala de secagem, a mudança de peso de todas as madeiras foi monitorizada, e a secagem foi interrompida quando o peso adequado foi atingido. O teor de humidade inicial era de 1,28 kg de água/kg de matéria seca para as madeiras de choupo, que diminuiu para 0,15 kg de água/kg de matéria seca em 70 h, e para 0,60 kg de água/kg de matéria seca para as madeiras de pinho em 50h. A temperatura do ar de secagem, a humidade relativa e o peso da pilha foram todos registados e armazenados num computador durante a secagem e examinados posteriormente. Foram utilizados modelos semi-teóricos e dados empíricos para examinar as relações de humidade na aplicação informática Stratigraphic. Foram atingidos os valores do erro padrão de estimativa (SEE) e do R2.

Introdução

Introdução à Inteligência

Gostaria de começar esta unidade com algumas citações simples, mas muito significativas, para definir primeiro a inteligência

O que é também todo o conhecimento senão uma experiência registada e um produto da história; do qual, portanto, o raciocínio e a crença, não menos do que a ação e a paixão, são materiais essenciais?

-Thomas Carlyle, *Ensaios Críticos e Diversos*

A história é a filosofia dos exemplos.

-Dionísio, *Ars Rhetorica*

A ciência é construída sobre factos, como uma casa é construída com pedras; mas uma acumulação de factos não é mais uma ciência do que um monte de pedras é uma casa.

-Henri Poincaré, *Ciência e Hipótese*

Procurais o conhecimento e a sabedoria como eu procurei em tempos; e espero ardentemente que a satisfação dos vossos desejos não seja uma serpente a picar-vos, como foi a minha.

-Mary Shelley, Frankenstein

Inteligência Artificial:

Embora a Inteligência Artificial seja um dos mais recentes campos de investigação intelectual, os seus fundamentos começaram há milhares de anos. Ao estudar a Inteligência Artificial, é útil compreender os antecedentes de uma série de outras disciplinas, principalmente a filosofia, a linguística, a psicologia e a biologia. Talvez um melhor ponto de partida seja perguntar: "O que é a inteligência?" Esta é uma questão complexa, sem uma resposta bem definida, que tem intrigado biólogos, psicólogos e filósofos durante séculos. Podemos certamente definir a inteligência pelas propriedades que apresenta: uma capacidade de lidar com situações novas; a capacidade de resolver problemas, de responder a perguntas, de conceber planos, etc. Talvez seja mais difícil definir a diferença entre a inteligência dos seres humanos e a dos golfinhos ou macacos. Por agora, limitar-nos-emos, portanto, à questão um pouco mais simples: O que é a Inteligência Artificial? Uma definição simples poderia ser a seguinte:

A inteligência artificial é o estudo de sistemas que actuam de uma forma que, para qualquer observador, parece ser inteligente.

Esta definição é correta, mas, de facto, não abrange a totalidade da Inteligência Artificial. Em muitos casos, as técnicas de Inteligência Artificial são utilizadas para resolver problemas relativamente simples ou problemas complexos que são internos a sistemas mais complexos. Por exemplo, as técnicas de pesquisa raramente são utilizadas para dar a um robot a capacidade de encontrar a saída de um labirinto, mas são frequentemente utilizadas para problemas muito mais prosaicos. Isto pode levar-nos a outra definição de Inteligência Artificial, como se segue:

A Inteligência Artificial envolve a utilização de métodos baseados no comportamento inteligente dos seres humanos e de outros animais para resolver problemas complexos.

Alguns sistemas são capazes de "compreender" o discurso humano ou, pelo menos, são capazes de extrair algum significado das afirmações humanas e de realizar acções com base nessas afirmações. Estes sistemas podem não ser concebidos para se comportarem de forma inteligente, mas simplesmente para desempenharem uma função útil.

No entanto, os métodos que utilizam baseiam-se no comportamento inteligente dos seres humanos. Esta distinção torna-se mais nítida quando analisamos a diferença entre a chamada **IA forte** e **a IA fraca**. Os adeptos da IA forte acreditam que, ao dar a um programa de computador poder de processamento suficiente e ao dotá-lo de inteligência suficiente, é possível criar um computador que pode literalmente pensar e é consciente da mesma forma que um ser humano é consciente. Muitos filósofos e investigadores de Inteligência Artificial consideram este ponto de vista falso, ou mesmo ridículo. A possibilidade de criar um robô com emoções e consciência real é frequentemente explorada nos domínios da ficção científica, mas raramente é considerada um objetivo da Inteligência Artificial. A IA fraca, pelo contrário, é simplesmente o ponto de vista de que o comportamento inteligente pode ser modelado e utilizado pelos computadores para resolver problemas complexos. Este ponto de vista defende que o facto de um computador se comportar de forma inteligente não prova que seja realmente inteligente da mesma forma que um ser humano.

Métodos fortes e métodos fracos

Discutimos a diferença entre as afirmações de IA fraca e IA forte. Esta diferença não deve ser confundida com a diferença entre **métodos fortes** e **métodos fracos**. Os métodos fracos em Inteligência Artificial utilizam sistemas como a lógica, o raciocínio automático e outras estruturas gerais que podem ser aplicadas a uma vasta gama de problemas, mas que não incorporam necessariamente qualquer conhecimento real sobre o mundo do problema que está a ser resolvido. Em contrapartida, a resolução de problemas através de um método forte depende do facto de o sistema dispor de uma grande quantidade de conhecimentos sobre o seu mundo e os problemas que poderá encontrar. A resolução de problemas por métodos fortes depende dos métodos fracos, porque um sistema com conhecimentos é inútil sem uma metodologia para lidar com esses conhecimentos. A investigação mais antiga em Inteligência Artificial centrou-se nos métodos fracos. O General Problem Solver (GPS) de Newell e Simon foi uma tentativa de utilizar métodos fracos para construir um sistema que pudesse resolver uma vasta gama de problemas gerais. O facto de esta abordagem ter falhado levou a que se percebesse que era necessário mais do que simples representações e algoritmos para que a Inteligência Artificial funcionasse: o conhecimento era o ingrediente chave. Em muitas situações, os métodos fracos são ideais para resolver problemas. No entanto, a adição de conhecimentos é quase sempre essencial para construir sistemas capazes de lidar de forma inteligente com novos problemas; se o nosso objetivo é construir sistemas que pareçam comportar-se de forma inteligente, então os métodos fortes são certamente essenciais.

Introdução à robótica e à robótica humanoide utilizando o cérebro artificial (Bionic)

Os conceitos tradicionais de IA, frequentemente designados por "GOFAI (good old fashioned AI)", eram dominados pelas "hipóteses do sistema de símbolos físicos", segundo as quais os processos cognitivos podem ser modelados a um nível puramente simbólico, ignorando a instanciação física do sistema cognitivo. Após vários anos de investigação, os cientistas da IA aperceberam-se de que esta abordagem não podia resolver um problema básico, o chamado problema da fundamentação simbólica. A questão de saber como é que o significado emerge num artefacto levou à conclusão de que um sistema cognitivo deve ser incorporado para adquirir autonomamente alguma experiência sobre o mundo (Dreyfus 1985, Gold/Engel 1998, Becker 1998, Hayles 1999 e 2003). Assim, os investigadores neste domínio começaram a construir pequenos robôs capazes de se moverem em ambientes limitados e equipados com sentidos simples (olhos artificiais, altifalantes, etc.) (Pfeifer/Scheier 1999, Weber 2003). Embora no início este campo tenha sido dominado por cientistas de IA (Brooks 2002, Pfeifer/Scheier 1999, Steels/Brooks 1993), que estavam sobretudo interessados na perspetiva cognitiva ou técnica, alguns outros investigadores começaram a pensar nos possíveis impactos desta área de investigação na interação homem-computador (Suchman 1987 e 2004, Wachsmuth/Knoblich 2005, Bath 2003). Nesta contribuição, gostaria de me concentrar neste último aspeto, porque os discursos actuais sobre a interação homem-máquina referem-se cada vez mais a robôs humanóides e a agentes virtuais incorporados. Esta impressão é reforçada por uma série de projectos de investigação internacionais e interdisciplinares, alguns dos quais são generosamente financiados. O objetivo destes projectos de investigação é conceber os chamados "agentes credíveis" (Pelauchaud/Poggi 2002) ou "robôs sociáveis" (Brcazeal 2002), a fim de tornar a comunicação entre o homem e as máquinas "mais natural" e de aumentar a aceitação dessas interações por parte das pessoas. Além disso, estão a ser feitas tentativas para manter o fluxo de comunicação entre o homem e a máquina durante períodos de tempo mais longos através destes "agentes emocionais incorporados" (por exemplo, o projeto de investigação europeu "Humaine") e para intensificar o interesse dos parceiros de comunicação humanos nestes "diálogos". A perspetiva de "tornar a interação entre humanos e máquinas mais natural" (Wachsmuth/Knoblich 2005) implica algumas condições prévias que são essenciais para poder desenvolver essa visão em primeiro lugar. A capacidade de se dirigir ao parceiro de comunicação nas relações quotidianas é uma condição prévia importante para processos de comunicação bem sucedidos - nas comunicações homem-máquina, a abordagem deve ser possível e espera-se que seja facilitada por agentes incorporados. Além disso, um ato de comunicação bem sucedido baseia-se sempre na confiança que os parceiros têm um no outro. Este aspeto também deve ser tido em conta nas interações homem-máquina. Este aspeto está ligado a uma outra condição importante, segundo a qual ao parceiro de comunicação é atribuída uma forma de personalidade (Cassell 2000, 2019), que tem um certo grau de estabilidade e continuidade para além da situação imediata. Estas condições importantes para as interações homem-máquina não estavam até agora presentes ou estavam insuficientemente desenvolvidas na interação entre homem e máquina, o que significava que os processos de comunicação, na medida em que ocorriam, eram rapidamente terminados. Por esta razão, investigadores americanos (Breazeal 2002, Cassell et al. 2000, 2023) e europeus (Dautenhahn 2004, 2006, Woods 2006, Schröder, Axelsson, Spante e Heldal 2002, 2004), Pelauchaud/Poggi 2000, 2002, Wachsmuth 2005, 2019,2022 etc.) começaram a exigir que os agentes de conversação, quer se trate de robôs ou de agentes virtuais, se tornassem mais parecidos com o ser humano e, por conseguinte, demonstrassem sobretudo emoções, bem como formas físicas de interação (gestos, expressões faciais, linguagem corporal), para que lhes fosse possível atribuir, pelo menos, uma forma rudimentar de personalidade.

IA e robótica

A IA tem sido um dos domínios de investigação mais controversos da ciência da computação desde que foi proposta pela primeira vez na década de 1950. Definido como a parte da ciência da computação que se ocupa da conceção de sistemas que apresentem as caraterísticas associadas à inteligência humana, este domínio tem atraído investigadores devido aos seus objectivos ambiciosos e aos enormes desafios intelectuais subjacentes (National Research Council [NRC], 1999). O objetivo final é criar programas de computador capazes de resolver problemas e atingir objectivos no mundo tão bem como os seres humanos - a chamada "IA forte". Este objetivo chamou a atenção dos meios de comunicação social, mas nem todos os investigadores de IA consideram que vale a pena investigar a IA forte - o otimismo excessivo dos anos 50 e 60 em relação à IA forte deu lugar a uma apreciação da extrema dificuldade do problema (Copeland, 2000). Até à data, os progressos nesta direção têm sido escassos. Como 50 anos de fracasso acabam por afetar o financiamento, o domínio da IA diversificou-se e os especialistas estabeleceram-se noutras áreas onde se pode dizer que tiveram algum sucesso. Estas novas áreas estão menos preocupadas com a questão de fazer os computadores pensar, concentrando-se antes no que se pode designar por "IA fraca" - o desenvolvimento de tecnologia prática para modelar aspectos do comportamento humano (Goodwins, 2001, 2012). Desta forma, a investigação em IA produziu um vasto conjunto de princípios, representações e algoritmos. Hoje em dia, as aplicações de IA bem sucedidas vão desde sistemas especializados feitos à medida até software e eletrónica de consumo produzidos em massa.

A robótica, por outro lado, pode ser considerada como *"a ciência de alargar as capacidades motoras humanas com máquinas"* (Trevelyan, 1999). No entanto, um olhar mais atento a esta definição cria uma imagem mais complicada. Por exemplo, um míssil de cruzeiro, embora não seja intuitivamente referido como um robô, incorpora muitas das técnicas de navegação e controlo exploradas no contexto da investigação sobre robótica móvel. Além disso, os robots não dependem necessariamente do hardware para o seu funcionamento. É possível, por exemplo, conceber entidades inteligentes que funcionam exclusivamente no âmbito de sistemas de informação - os chamados "softbots" ou "agentes de software" - como robots (Doyle e Dean, 1996). É de salientar, contudo, que tais distinções entre "hard" e "soft" tendem a perder importância no futuro, à medida que os agentes físicos entram em comunicação eletrónica entre si e com fontes de informação em linha e que os agentes informacionais exploram mecanismos perceptivos e motores. É difícil, portanto, afirmar categoricamente o que constitui exatamente um robô. No entanto, este relatório considera a investigação em robótica como a tentativa de dotar o software inteligente de um certo grau de capacidade motora. Uma vez que muitas das principais áreas de investigação em IA desempenham um papel essencial no trabalho sobre robôs, a robótica será aqui considerada como uma subsecção da IA.

IA e cérebro biónico humanoide:

Os cientistas estão a começar a analisar muito mais de perto os mecanismos do cérebro e a forma como este aprende, evolui e desenvolve a inteligência a partir de um sentido de consciência (Aleksander, 2002).

Por exemplo, os criadores de software de IA começam a associar-se a psicólogos cognitivos e a utilizar conceitos das ciências cognitivas. Outro exemplo centra-se no trabalho dos "conexionistas" que chamam a atenção para a arquitetura dos computadores, argumentando que a disposição da maioria dos programas simbólicos de IA é fundamentalmente incapaz de exibir as caraterísticas essenciais da inteligência em qualquer grau útil. Como alternativa, os conexionistas têm como objetivo desenvolver a IA a partir de técnicas neurais artificiais

(ANNs). Com base na estrutura do sistema nervoso, estes "modelos computacionais-cognitivos" são concebidos para apresentar uma certa forma de aprendizagem e de "senso comum", estabelecendo ligações entre significados (Hsiung, 2002). Assim, as RNAs funcionam de forma semelhante ao cérebro: à medida que a informação chega, as ligações entre os nós de processamento são reforçadas (se a nova evidência for consistente) ou enfraquecidas (se a ligação parecer falsa) (Khan, 2002). O aparecimento das RNA reflecte uma mudança de paradigma subjacente na comunidade de investigação em IA e, como resultado, estes sistemas têm recebido, inegavelmente, muita atenção nos últimos tempos. No entanto, independentemente do seu sucesso na criação de interesse, o facto é que as RNA ainda não foram capazes de substituir a IA simbólica. Como Grosz e Davis (1994) observam: *'[A IA simbólica] produziu a tecnologia subjacente aos poucos milhares de sistemas especializados baseados no conhecimento utilizados atualmente na indústria'.* Um grande desafio para a próxima década é, pois, alargar significativamente esta base para tornar possíveis novos tipos de sistemas de aplicação de grande impacto. Um segundo grande desafio será assegurar que a IA continue a integrar-se em áreas conexas da investigação informática e noutros domínios (Doyle e Dean, 1996). Por exemplo, os tipos de desenvolvimentos descritos na secção 2 para a nanotecnologia podem contribuir de alguma forma para acelerar o progresso da IA, em especial através da interface de sensores. Por estas razões, a lista dos principais domínios de investigação que se segue não deve ser considerada nem exaustiva nem clara. De facto, as futuras categorizações mudarão novamente à medida que o campo resolver problemas e identificar outros novos.

Aprendizagem

Segundo Daniel Weld (1995), da Universidade de Washington, a aprendizagem automática aborda dois problemas inter-relacionados: *"o desenvolvimento de software que melhora automaticamente através da experiência e a extração de regras a partir de um grande volume de dados específicos".* Os sistemas capazes de exibir tais caraterísticas são importantes porque têm o potencial de atingir níveis de desempenho mais elevados do que os sistemas que têm de ser modificados manualmente para lidar com situações que os seus projectistas não previram (Grosz e Davis, 1994). Isto, por sua vez, permite que o software se adapte automaticamente a utilizadores e ambientes de tempo de execução novos ou em mudança, e que se adapte às quantidades cada vez maiores de dados diversos atualmente disponíveis. Ao conceberem programas para resolver estes problemas, os investigadores de IA têm à sua disposição uma variedade de métodos de aprendizagem. No entanto, como já foi referido, as RNA representam um dos mais promissores.

Redes Neuronais Artificiais (RNA)

As RNA têm muitas vantagens e os avanços neste domínio aumentarão a sua popularidade. O seu principal valor em relação aos sistemas de IA simbólicos reside no facto de serem treinadas e não programadas: aprendem a evoluir para o seu ambiente, para além dos cuidados e da atenção do seu criador (Hsuing, 2002, 2013, 2014, 2016). Outras grandes vantagens das RNAs residem na sua capacidade de classificar e reconhecer padrões e de lidar com dados de entrada anómalos, uma caraterística muito importante para sistemas que lidam com uma vasta gama de dados. Além disso, muitas redes neuronais são biologicamente plausíveis, o que significa que podem fornecer pistas sobre o funcionamento do cérebro à medida que progridem. Tal como o cérebro, o poder das RNAs reside na sua capacidade de processar informação de forma paralela (ou seja, processar vários pedaços de dados em simultâneo). É aqui, no entanto, que começam a surgir as limitações destes sistemas: infelizmente, as máquinas actuais são em série e só executam uma instrução de cada vez. Como consequência, a modelação do processamento paralelo em máquinas de série pode ser um processo muito moroso (Matthews, 2000a). Um segundo problema prende-se com o facto de ser muito difícil compreender os seus processos internos de raciocínio e, por conseguinte, obter uma explicação para uma determinada conclusão. Por conseguinte, são mais bem utilizados quando os resultados de um modelo são mais importantes do que a compreensão do seu funcionamento. Para este efeito, estes sistemas são frequentemente utilizados na análise do mercado bolsista, na identificação de impressões digitais, no reconhecimento de caracteres, no reconhecimento da fala e na análise científica de dados (Stottler Henke, 2002, 2015, 2017).

Raciocínio sobre planos, programas e acções

Os sistemas inteligentes devem ser capazes de planear - determinar as acções apropriadas para a situação que se lhes depara, executá-las e monitorizar os resultados. No entanto, apesar de esta área ter sido objeto de investigação ativa desde os anos 50, as aplicações de planeamento da IA estão muito longe do nível humano (Grosz e Davis, 1994). As pessoas comuns, por exemplo, conseguem realizar um número extraordinário de tarefas complexas utilizando apenas processos de pensamento simples e informais baseados numa grande quantidade de conhecimentos comuns. A IA, por outro lado, está muito aquém dos seres humanos na utilização desse tipo de raciocínio, exceto em trabalhos limitados, e as tarefas que dependem fortemente do raciocínio de senso comum são geralmente más candidatas a aplicações de IA (Stottler Henke, 2002). No passado, os investigadores tiveram de se basear principalmente no desenvolvimento de algoritmos que *"constroem e executam automaticamente sequências de comandos primitivos para atingir objectivos de alto nível"* (Weld, 1995). Mais recentemente, o domínio do raciocínio plausível demonstrou a sua viabilidade para resolver o problema da representação, compreensão e controlo do comportamento dos agentes ou de outros sistemas no contexto de informações incompletas ou incorrectas (Weld, 1995). Outro desenvolvimento que pode levar a avanços significativos na área do raciocínio artificial é a lógica difusa.

Os sistemas lógicos ocidentais tradicionais partem do princípio de que as coisas estão numa categoria ou noutra. No entanto, na vida quotidiana, sabemos que muitas vezes não é exatamente assim. Assim, a lógica difusa proporciona uma forma de ter em conta o nosso conhecimento de senso comum de que a maioria das coisas é uma questão de grau quando um computador está a tomar uma decisão automaticamente (Stottler Henke, 2002). Assim, apesar das dificuldades inerentes a este domínio da IA, os sistemas de planeamento foram desenvolvidos com sucesso para várias tarefas até à data, incluindo a automatização de fábricas, a programação de transportes militares e o planeamento de tratamentos médicos. Estas tarefas serão abordadas em pormenor mais adiante.

IA lógica

Este tipo de raciocínio diz respeito ao que um programa sabe sobre o mundo em geral, os factos da situação específica em que deve agir e os objectivos que deve atingir (Grosz e Davis, 1994). Estes conceitos são mantidos no programa sob a forma de frases de uma linguagem lógica matemática. O exemplo mais bem sucedido é um sistema pericial, criado quando um "engenheiro do conhecimento" entrevista peritos num determinado domínio e tenta incorporar os seus conhecimentos num programa informático para realizar uma determinada tarefa, como o diagnóstico de . No entanto, a utilidade dos sistemas periciais actuais depende também de os seus utilizadores demonstrarem um certo nível de bom senso.

Algoritmos e programação genética

Um algoritmo é definido como uma *"sequência detalhada de acções a executar para realizar uma determinada tarefa"* (FOLDOC, 2003). Um ramo da teoria dos algoritmos, a programação genética, está atualmente a receber muita atenção. Trata-se de uma técnica que permite que o software resolva uma tarefa através do "acasalamento" de programas aleatórios e da seleção dos mais aptos em milhões de gerações. Khan (2002) explica: *Os algoritmos genéticos utilizam a seleção natural, fazendo mutações e cruzamentos dentro de um conjunto de cenários sub-óptimos. As melhores soluções sobrevivem e as piores morrem, permitindo que o programa descubra a melhor opção sem tentar todas as combinações possíveis ao longo do caminho".*

Perceção

Muitos sistemas de IA exigem a capacidade de tratar vários tipos diferentes de informação perceptiva (Grosz e Davis, 1994). Os mais importantes são desenvolvidos a seguir.

A) Reconhecimento de padrões

A rapidez com que as pessoas extraem informações das imagens faz com que a visão seja a modalidade perceptiva preferida pela maioria das pessoas na maior parte das tarefas, o que implica que os computadores fáceis de utilizar devem ser capazes de compreender e sintetizar imagens. Um dos objectivos da investigação em visão computacional é a compreensão e classificação de imagens. Dependendo da aplicação, as imagens a compreender podem incluir uma página de um documento digitalizado, uma fotografia de polícia, uma fotografia aérea ou um vídeo de uma cena de casa ou do escritório (Weld, 1995). As tarefas típicas de última geração incluem o reconhecimento facial, o reconhecimento e a reconstrução de objectos, o seguimento de mãos e o reconhecimento de gestos, bem como a análise e o reconhecimento de documentos. No entanto, embora as actuais técnicas de visão por computador sejam capazes de realizar feitos impressionantes em condições controladas, essas técnicas revelam-se frequentemente frágeis e pouco robustas em condições reais (Grosz e Davis, 1994).

B) Compreender a linguagem natural

O objetivo final da investigação sobre o processamento da linguagem natural é criar sistemas capazes de comunicar com as pessoas em línguas naturais. Essa comunicação exige a capacidade de compreender o significado e a finalidade das acções comunicativas, como as declarações faladas, os textos escritos e os gestos que os acompanham, e a capacidade de produzir essas acções comunicativas de forma adequada. Estas capacidades, na sua forma mais geral, estão "muito para além da atual compreensão científica e da tecnologia informática" (Weld, 1995). No entanto, a relevância potencial do processamento da linguagem natural para a indústria é imensa, uma vez que esses sistemas poderão ser fundamentais para a próxima geração de interfaces inteligentes.

Interação homem-computador

Esta área da IA decorre da perceção, na medida em que as pessoas utilizam uma série de meios diferentes para comunicar, incluindo: línguas faladas, assinadas e escritas; gestos; sons; desenhos; diagramas; e mapas (Grosz e Davis, 1994). Em particular, a representação do conhecimento é importante devido ao seu poderoso efeito sobre as perspectivas de um computador ou de uma pessoa tirarem conclusões ou fazerem inferências a partir dessa informação (Stottler Henke, 2002). Consequentemente, o trabalho nesta área procura descobrir métodos expressivos, convenientes, eficientes e apropriados para representar informação sobre todos os aspectos do mundo.

IA avançada e forte para robótica humanoide biónica - A sala chinesa

Começarei por examinar as objecções filosóficas à IA forte, em particular o argumento da Sala Chinesa de John Searle. O filósofo americano John Searle tem argumentado fortemente contra os defensores da IA forte, que acreditam que um computador que se comporte de forma suficientemente inteligente pode, de facto, ser inteligente e ter consciência, ou estados mentais, da mesma forma que um ser humano. Um exemplo disto é o facto de ser possível, utilizando estruturas de dados chamadas scripts, produzir um sistema que pode receber uma história (por exemplo, uma história sobre um homem que janta num restaurante) e depois responder a perguntas (algumas das quais envolvem um certo grau de subtileza) sobre a história. Os defensores da IA forte afirmam que os sistemas que podem alargar esta capacidade para lidar com histórias arbitrárias e outros problemas seriam inteligentes. A experiência da Sala Chinesa de Searle baseou-se nesta ideia e é descrita da seguinte forma: Um ser humano que fala inglês é colocado dentro de uma sala. Este ser humano não fala qualquer outra língua para além do inglês e, em particular, não tem capacidade para ler, falar ou compreender chinês. Dentro da sala, com o humano, há um conjunto de cartões, nos quais estão impressos símbolos chineses, e um conjunto de instruções escritas em inglês. Uma história, em chinês, é introduzida na sala através de uma ranhura, juntamente com um conjunto de perguntas sobre a história. Seguindo as instruções que tem, o humano é capaz de construir respostas às perguntas a partir dos cartões com símbolos chineses e passá-las de volta através da ranhura para o autor da pergunta. Se o sistema estivesse corretamente configurado, as respostas às perguntas seriam suficientes para que o autor da pergunta acreditasse que a sala (ou a pessoa dentro da sala) compreendia verdadeiramente a história, as perguntas e as respostas que dava. O argumento de Searle é agora simples. O homem na sala não percebe chinês. As peças de cartão não percebem chinês. A própria sala não entende chinês e, no entanto, o sistema como um todo é capaz de exibir propriedades que levam um observador a acreditar que o sistema (ou alguma parte dele) entende chinês. Por outras palavras, executar um programa de computador que se comporta de forma inteligente não produz necessariamente compreensão, consciência ou inteligência real. Este argumento contrasta claramente com o ponto de vista de Turing, segundo o qual um sistema de computador que pudesse enganar um humano, levando-o a pensar que também era humano, seria de facto inteligente. Uma resposta ao argumento da Sala Chinesa de Searle, a Resposta dos Sistemas, afirma que, embora o ser humano na sala não compreenda chinês, a própria sala compreende. Por outras palavras, a combinação da sala, do ser humano, dos cartões com caracteres chineses e das instruções forma um sistema que, de certa forma, é capaz de compreender histórias chinesas. Houve um grande número de outras objecções ao argumento de Searle, e o debate continua. Há outras objecções às ideias de IA forte. O Problema da Paragem e o Teorema da Incompletude de Gödel dizem-nos que há algumas funções que um computador não pode ser programado para computar e, como resultado, parece ser impossível programar um computador para efetuar todos os cálculos necessários para uma consciência real. Este é um argumento difícil, e uma resposta possível é afirmar que o cérebro humano é, de facto, um computador e que, apesar de também estar limitado pelo Problema de Halting, ainda é capaz de inteligência.

Esta afirmação de que o cérebro humano é um computador é interessante. É nela que se baseia a ideia das redes neuronais. Ao combinar o poder de processamento de neurónios individuais, conseguimos produzir redes neuronais artificiais capazes de resolver problemas extremamente complexos, como o reconhecimento de rostos. Os defensores da IA forte podem argumentar que estes êxitos são passos no caminho para a produção de um ser humano eletrónico, enquanto os opositores salientariam que se trata apenas de uma forma de resolver um pequeno conjunto de problemas - não só não resolve toda a gama de problemas de que os seres humanos são capazes, como também não exibe de forma alguma algo que se aproxime da consciência.

HAL-Fantasia ou Realidade?

Um dos mais famosos relatos ficcionais de Inteligência Artificial surge no filme 2001: Uma Odisseia no Espaço, baseado na história de Arthur C. Clarke. Uma das personagens principais do filme é

HAL, um computador algorítmico programado de forma heurística. No filme, HAL comporta-se, fala e interage com os humanos de forma muito semelhante à de um humano (embora numa forma desencarnada). Na verdade, esta humanidade é levada ao extremo pelo facto de HAL acabar por enlouquecer. No filme, HAL jogava xadrez, percebia o que as pessoas diziam lendo-lhes os lábios e conversava com outros humanos. Quantas destas tarefas são capazes os computadores atualmente? Em

Em 1997, um computador, Deep Blue, venceu o campeão mundial de xadrez Garry Kasparov. No entanto, este não foi o fim da supremacia da humanidade no xadrez. A vitória não foi particularmente convincente e não se repetiu. Os computadores que jogam xadrez são certamente capazes de vencer a maioria dos jogadores de xadrez humanos, mas aqueles que previram que os computadores de xadrez seriam muito superiores até mesmo aos melhores jogadores humanos nesta altura estavam claramente errados. Nalguns jogos, como o go, os melhores computadores do mundo são capazes de jogar apenas ao nível de um jogador humano amador razoavelmente bem sucedido.

O jogo é tão complexo que mesmo as melhores heurísticas e técnicas de Inteligência Artificial não são capazes de dar a um computador a capacidade de se aproximar das capacidades dos melhores jogadores humanos. Interpretar a forma dos lábios humanos não seria provavelmente impossível, e é provável que uma rede neuronal pudesse ser treinada para resolver esse problema. O problema seguinte é combinar os sons em palavras - mais uma vez, não é um problema difícil, dado um léxico de palavras suficientemente grande. Finalmente, HAL teria de ser capaz de interpretar e compreender as palavras da mesma forma que o faria quando ouvisse palavras faladas. HAL, tal como é retratado no filme, possuía algumas capacidades que a Inteligência Artificial deu aos computadores actuais, mas não é certamente o caso de existirem computadores com a amplitude de capacidades e, em particular, a capacidade de comunicar de uma forma tão humana. Por último, a probabilidade de um computador se tornar louco é bastante remota, embora seja possível que uma avaria de algum tipo possa fazer com que um computador apresente propriedades não muito diferentes da loucura! A Inteligência Artificial tem sido amplamente representada noutros filmes. O filme de Stephen Spielberg AI: Inteligência Artificial é um bom exemplo. Neste filme, um casal compra um rapaz robótico para substituir o seu filho perdido. O público simpatiza com o rapaz que sente emoções e é claramente tão inteligente (se não mais) como um ser humano. Isto é IA forte e, embora possa ser o objetivo final de alguma investigação sobre Inteligência Artificial, mesmo os defensores mais optimistas da IA forte concordam que não é provável que seja alcançada no próximo século.

A IA no século XXI

A Inteligência Artificial está à nossa volta. A lógica difusa, por exemplo, é amplamente utilizada em máquinas de lavar roupa, automóveis e mecanismos de controlo de elevadores. (Note-se que ninguém afirma que, em resultado disso, essas máquinas são inteligentes ou algo do género! Estão simplesmente a utilizar técnicas que lhes permitem comportar-se de uma forma mais inteligente do que um mecanismo de controlo mais simples permitiria).

Por exemplo, existem agentes que nos ajudam a resolver problemas enquanto utilizamos os nossos computadores e agentes que percorrem a Internet, ajudando-nos a encontrar documentos que possam ser do nosso interesse. A encarnação física dos agentes, os robôs, está também a tornar-se mais utilizada. Os robots são utilizados para explorar os oceanos e outros mundos, sendo capazes de viajar em ambientes inóspitos para os humanos. Ainda não é o caso, como se previa, de os robôs serem amplamente utilizados nos lares, por exemplo, para transportar artigos de compras ou para brincar com as crianças, embora o cão robótico AIBO produzido pela Sony e outros brinquedos semelhantes sejam um passo nessa direção. Os sistemas especializados são utilizados pelos médicos para ajudar a tratar sintomas difíceis de diagnosticar ou para prescrever tratamentos em casos em que até os especialistas humanos têm dificuldade. Os sistemas de inteligência artificial são utilizados numa vasta gama de indústrias, desde ajudar as agências de viagens a selecionar férias adequadas até permitir que as fábricas programem as máquinas. A Inteligência Artificial é particularmente útil em situações em que os métodos tradicionais seriam demasiado lentos. Os problemas combinatórios, como a programação de professores e alunos para as salas de aula, não são bem resolvidos pelas técnicas informáticas tradicionais. Nestes casos, as heurísticas e técnicas fornecidas pela Inteligência Artificial podem fornecer excelentes soluções. Muitos jogos de computador foram concebidos com base na Inteligência Artificial. Com o objetivo de proporcionar um jogo mais realista, o jogo de computador Republic: The Revolution, lançado em 2003, continha um milhão de Inteligências Artificiais individuais, cada uma capaz de interagir com o mundo e com o jogador do jogo, bem como de ser manipulada pelo jogador. É provável que a Inteligência Artificial se torne cada vez mais predominante na nossa sociedade. E, quer acabemos ou não por criar uma Inteligência Artificial verdadeiramente inteligente, é provável que os computadores, as máquinas e outros objectos se tornem mais inteligentes - pelo menos em termos da forma como se comportam.

Obstáculos a uma IA forte

O teste padrão contra o qual a possibilidade de uma IA forte é frequentemente avaliada diz respeito ao artigo de Alan Turing de 1950, Computing Machinery and Intelligence, no qual o autor discute as condições para considerar uma máquina inteligente (Turing, 1950). Turing argumenta que, se uma máquina conseguir fazer-se passar por humana perante um observador conhecedor, então deve ser considerada inteligente (Mc Carthy, 2003). Este teste satisfaria a maioria das pessoas, mas não todos os filósofos, alguns dos quais contestaram a realização "inevitável" de uma IA forte com base na afirmação de que a hipótese de uma IA forte é, ela própria, falsa. Um cético famoso da IA é Hubert Dreyfus, que afirma que um computador nunca será inteligente, a não ser que consiga demonstrar um bom domínio do senso comum (Dreyfus, 1992). Dreyfus prossegue afirmando que os computadores nunca serão capazes de compreender plenamente o senso comum, uma vez que grande parte do nosso senso comum se baseia no "saber-fazer". Por exemplo, a noção de que um sólido não pode penetrar facilmente noutro é um senso comum, mas o conhecimento necessário para andar de bicicleta não é algo que se possa obter de um livro ou de alguém que nos diga. Só se pode aprender através da experiência. Assim, uma vez que os computadores actuais só podem realmente "representar" coisas, a possibilidade de pegar numa capacidade, emoção ou qualquer outra coisa igualmente abstrata e transformá-la numa série de zeros e uns é, segundo Dreyfus, quase impossível (Matthews, 1999). Um segundo cético famoso é John Searle, que, com a sua analogia da sala chinesa, respondeu diretamente a Turing (citado em Goodwins, 2001): 'Tomemos uma sala com duas ranhuras na parede, um homem de língua inglesa lá dentro e um livro de regras. O livro de regras diz-lhe como lidar com frases chinesas que são empurradas através da ranhura - como escolher os caracteres com os quais responder, e qual a ordem para os enviar de volta através da segunda ranhura. As respostas podem ser um chinês perfeito, mas não é lógico que o homem compreenda efetivamente a língua como um falante nativo, em vez de a processar apenas". Embora existam várias refutações convincentes aos tipos de argumentos filosóficos acima apresentados, não há dúvida de que tais posições representam barreiras intelectualmente poderosas ao objetivo final da investigação em IA. Em seguida, pode parecer que a opinião neste domínio está claramente polarizada. No entanto, a situação complica-se significativamente pelo facto de muitos investigadores considerarem que a IA forte não é particularmente provável nem sequer desejável. De facto, muitos dos actuais obstáculos à investigação sobre a IA forte são muito mais mundanos, tendo sido desenvolvidos em resultado do novo interesse científico pelos mecanismos do cérebro e pela forma como este aprende, evolui e desenvolve a inteligência a partir de um sentido de consciência. Para começar, embora os computadores estejam certamente a tornar-se mais rápidos, esses progressos não correspondem necessariamente a computadores mais inteligentes. Com efeito, tal como Jaron Lanier (citado em Ho, 2002c) descreveu como a "grande vergonha" da informática, a lei de Moore no desenvolvimento do hardware deve ser fortemente contrastada com o facto de os engenheiros informáticos não parecerem ser capazes de escrever software muito melhor à medida que os computadores se tornam mais avançados. Até agora, este relatório tem-se centrado em grande medida nas formas como os cientistas modelam parte do que sabemos sobre as nossas capacidades enquanto seres sencientes, em vez de tentarem proporcionar uma verdadeira senciência. No entanto, mesmo que a capacidade de programar software avance rapidamente nas próximas décadas, parece provável que os laboratórios de IA da atualidade sejam incapazes de proporcionar o tipo de ambiente necessário para gerar algo que se assemelhe a uma inteligência completa. Esta ideia decorre em grande parte do trabalho de Rodney Brooks, do MIT, que nos últimos anos tem trabalhado arduamente para desafiar as atitudes predominantes em relação à investigação sobre IA8. Humphrys (1997), revisto (2005,2023), baseia-se nestas ideias afirmando que não se pode esperar construir uma IA única e isolada num laboratório e esperar simular muita inteligência. Isto porque, a menos que as IA disponham de espaço para desenvolver uma cultura rica, com interação social repetida com coisas semelhantes, não se pode esperar ir além de uma determinada fase. Para além do desenvolvimento de software, existem também desafios significativos no desenvolvimento de robôs mais artificialmente inteligentes. Por exemplo, embora a visão por computador seja boa em determinadas tarefas, há também muitas coisas em que não é particularmente boa, como o reconhecimento geral de objectos. Segundo Brooks (2002), os sistemas de visão por computador podem fazer algumas coisas com grande perícia, mas mesmo assim, após 40 anos de esforços, não são bons nas coisas que os seres humanos e muitos animais fazem sem esforço Em segundo lugar, os robôs não têm a destreza da mão humana, um ingrediente primário nos tipos de fabrico que se deslocaram para locais de baixo custo. Segundo Brooks, a "manipulação hábil a baixo custo" é essencial para que se registem progressos. Atualmente, porém, mesmo a manipulação hábil de alto custo está fora do alcance dos investigadores. Além disso, é improvável que esses desafios sejam vencidos nos próximos anos, podendo ser necessários 30 a 40 anos para que essas tecnologias sejam aperfeiçoadas.

Um futuro para a IA forte
Apesar dos muitos obstáculos fundamentais acima referidos, os domínios da IA e da robótica estão repletos de previsões maravilhosamente inventivas, um domínio onde a realidade e a ficção científica se encontram frequentemente. De facto, é provável que nas próximas duas décadas "vejamos mais e melhores capacidades que tendemos a atribuir como consciência" (H e n d l e r, 2000). No entanto, é improvável que as máquinas alguma vez venham a ter consciência humana no sentido filosófico do termo, embora se possam aproximar a longo prazo. Pelo contrário, é de esperar que a IA clássica continue a produzir

aplicações cada vez mais sofisticadas em domínios restritos, como os sistemas especializados, os programas de xadrez e os agentes da Internet. Ao mesmo tempo, os próximos 30 anos irão produzir novos tipos de máquinas inspiradas em animais que são mais "confusas" e imprevisíveis do que qualquer outra que tenhamos visto antes - menos racionalmente inteligentes, mas mais redondas e completas (H u m p h rys, 1997). Um desenvolvimento potencialmente de grande alcance envolve contornar o debate aparentemente polarizado entre IA fraca e IA forte através do desenvolvimento de tecnologia ciborgue, cujas aplicações poderiam levar a que os seres humanos tivessem certos processos fisiológicos auxiliados ou controlados por dispositivos mecânicos ou electrónicos. A demonstração mais mediática neste domínio diz respeito ao "rato-robô", que, através da implantação de eléctrodos nas partes do cérebro responsáveis pela perceção da recompensa e pela estimulação dos bigodes esquerdo e direito, foi guiado com êxito por um controlador humano (Graham-Rowe, 2002/2020). Uma experiência semelhante foi também demonstrada por Steve Potter, professor de Engenharia Biomédica no Instituto de Tecnologia da Geórgia, que desenvolveu um "robot controlado por ratos" (Cameron, 2002). Este dispositivo resulta da colocação de uma gota de solução contendo milhares de células neuronais de ratos num chip de silício e da transmissão da atividade eléctrica resultante a um robô. O robô manifesta então estes sinais através de movimentos físicos, sendo cada um dos seus movimentos o resultado direto da comunicação de neurónios com neurónios. Estes exemplos de fusão de chips de computador com tecido vivo podem parecer grosseiros, mas são descritos pelos cientistas como "importantes" - um acontecimento comparável ao primeiro transplante de órgãos ou ao primeiro animal clonado (Philipson, 2001). Isto porque estas experiências abrem a possibilidade de utilizar a tecnologia informática para complementar a inteligência humana, em vez de a substituir. Em conclusão, não veremos uma IA completa nas nossas vidas. A razão é que não existe uma forma óbvia de passar daqui para lá - dos robots bastante inúteis e dos programas de software frágeis que existem atualmente para uma inteligência de nível humano. É necessária uma longa série de avanços conceptuais, e este tipo de pensamento é muito difícil de calendarizar.

Robótica Humanoide com Cérebro Biónico (Artificial):

Quando as pessoas compreendem que a ética das máquinas tem a ver com a forma como as máquinas inteligentes, e não os seres humanos, se devem comportar, defendem frequentemente que Isaac Asimov já nos deu um conjunto ideal de regras para essas máquinas. Têm em mente as "três leis da robótica" de Asimov:

1. Um robô não pode ferir um ser humano ou, por inação, permitir que um ser

humano sofra danos.

2. Um robô deve obedecer às ordens que lhe são dadas por seres humanos, exceto se essas ordens entrarem em conflito com a primeira lei.

3. Um robô deve proteger a sua própria existência, desde que essa proteção não entre em conflito com a primeira ou a segunda lei.

Por outro lado, Suchman descreve a forma como o aparecimento de objectos "inteligentes" altera a nossa atitude em relação aos artefactos, que passam de coisas passivas a outros inteligentes. Propriedades que consideraríamos tipicamente humanas, como a emoção, a fala e a ação intencional, aplicam-se agora (pelo menos parcialmente) também aos computadores. Consequentemente, lidar com artefactos torna-se uma atividade social e pode ser considerada semelhante à interação humana. Na ciência cognitiva, os computadores são utilizados para explorar a cognição humana sem se limitarem ao comportamento (cientificamente) observável, mas com métodos científicos. Os seus pressupostos básicos são os seguintes

• a mente é uma estrutura abstrata (sem corpo) que pode ser implementada em qualquer tipo de substrato físico, como um computador, e

• que as pessoas "actuam com base em representações simbólicas", que conduzem a estados mentais e proporcionam um comportamento coerente,

• E, consequentemente, essa cognição pode ser literalmente vista como, e portanto simulada por, computação.

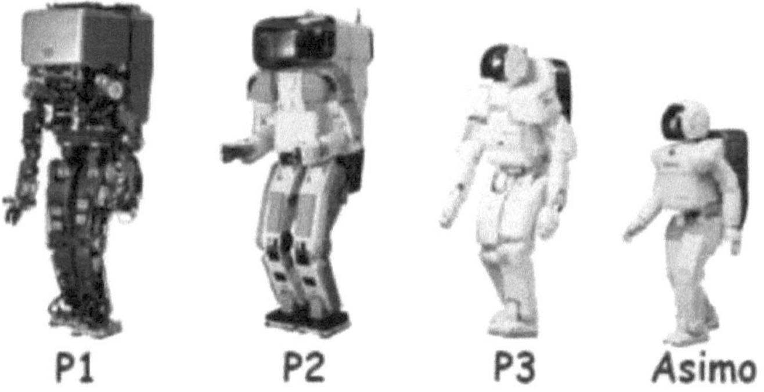

Robótica humanoide

Quando as pessoas compreendem que a ética das máquinas tem a ver com a forma como as máquinas inteligentes, e não os seres humanos, se devem comportar, defendem frequentemente que Isaac Asimov já nos deu um conjunto ideal de regras para essas máquinas.

Têm em mente as "três leis da robótica" de Asimov:

1. Um robô não pode ferir um ser humano ou, por inação, permitir que um ser

humano sofra danos.

2. Um robô deve obedecer às ordens que lhe são dadas por seres humanos, exceto se essas ordens entrarem em conflito com a primeira lei.

3. Um robô deve proteger a sua própria existência, desde que essa proteção não entre em conflito com a primeira ou a segunda lei.

Por outro lado, Such man descreve a forma como o aparecimento de objectos "inteligentes" altera a nossa atitude em relação aos artefactos, que deixam de ser coisas passivas e passam a ser inteligentes. Propriedades que consideraríamos tipicamente humanas, como a emoção, a fala e a ação intencional, aplicam-se agora (pelo menos parcialmente) também aos computadores. Consequentemente, lidar com artefactos torna-se uma atividade social e pode ser considerada semelhante à interação humana. Na ciência cognitiva, os computadores são utilizados para explorar a cognição humana sem se limitarem ao comportamento (cientificamente) observável, mas com métodos científicos. Os seus pressupostos básicos são que a mente é uma estrutura abstrata (sem corpo) que pode ser implementada em qualquer tipo de substrato físico, como um computador, e que as pessoas "agem com base em representações simbólicas", que conduzem a estados mentais e proporcionam um comportamento consistente.

CAPÍTULO 2

Método de investigação

A

B

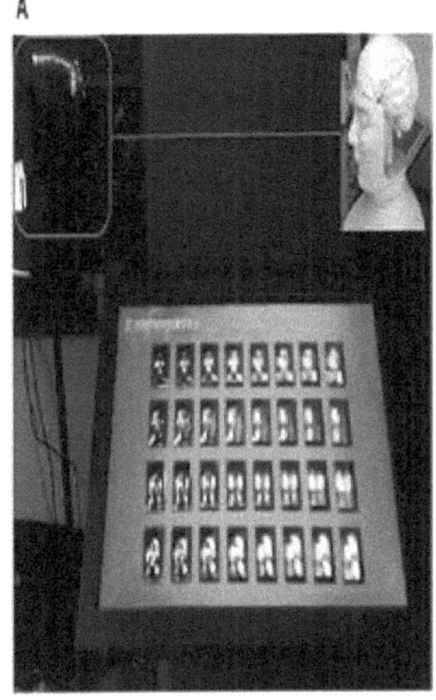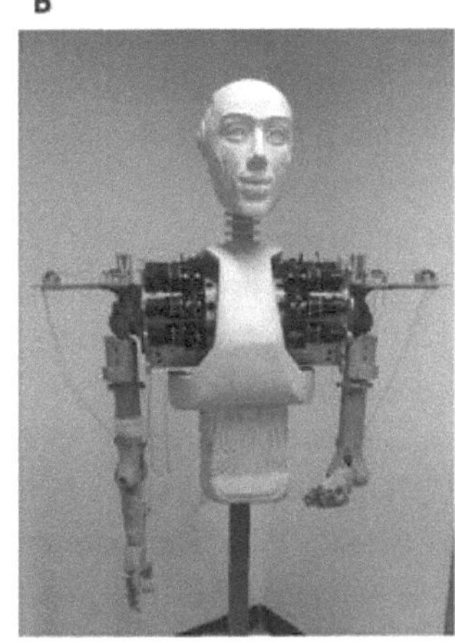

Objetivo

O principal objetivo da minha investigação é criar modelos teóricos e matemáticos para a engenharia do "Cérebro Biónico (Artificial) para aplicações de robótica humanoide após o estudo da IA forte e provar o mesmo com modelos de desenvolvimento e estatísticas de investigação após a sua realização. A minha investigação tem grandes necessidades do atual cenário de automação robótica e ajuda a práticas robóticas ultra-avançadas e tem igualmente uma expansão para novas condutas de investigação para os níveis seguintes em Inteligência Artificial, Robótica, Cérebro Biónico, Tecnologia Ciborgue e Humanoide, analisando diferentes domínios e formando ANN, Strong-AI, Android, Humanoide e Sistemas de Inteligência de nível global padrão. Estou continuamente a rever várias teses, trabalhos de investigação, artigos, notícias e livros brancos e defini o meu objetivo de investigação para configurar **a Análise Teórica e a Modelação Matemática para Mapeamento e Engenharia do Cérebro Biónico (Artificial) para Aplicações Robóticas** No meu trabalho desenvolvi modelos teóricos e matemáticos e também passei pela recolha de dados de investigação após pesquisa bibliográfica e descobri vários aspectos novos sobre como conceber o Cérebro Biónico ligado à Robótica e às aplicações robóticas Humanoides e como a IA Forte está fortemente ligada e é eficaz para Mapeamento e Engenharia do Cérebro Biónico (Artificial) para Aplicações e Práticas Robóticas para uma automação robótica excelente e precisa. De acordo com os meus conhecimentos, estes factores são fortemente interdependentes entre si e têm grande importância e emergência.

Hipótese

A minha hipótese é saber três coisas principais, que são

Para a hipótese acima descrita, decidi realizar investigação e construir modelos teóricos e matemáticos para conceber e mapear uma IA forte para a Bionic Cérebro e implementá-lo em aplicações de Robótica/Humanoide utilizando modelação teórica e matemática após recolha de dados, pesquisa bibliográfica, análise e interpretação.

Definição do problema:

Hoje em dia, os robôs humanóides são parcialmente um sonho e escrevi este termo com base nos factos disponíveis, nas provas e na investigação em curso sobre "robótica humanoide". O termo "robôs humanóides" não continua a ser um sonho depois do sucesso do "ASIMO (Advanced Steps In **MObility**)", o primeiro robô humanoide bem sucedido, projetado e desenvolvido pela empresa HONDA nas versões P2, P3 e seguintes, que tornam o ASIMO cada vez mais avançado. Descrição do ASIMO com todas as especificações e funções que vou escrever na minha dissertação. O mundo de hoje é o mundo da eletrónica Sci-Fi (Science friction) e, por causa disso, são produzidos vários filmes de Hollywood e Bollywood, como Terminators, I Robot, Ra-One, Robots e muitos outros, em que os robôs se parecem exatamente com os seres humanos e estamos tão longe desse tipo de avanço nos robôs humanóides que esse tipo de robôs pode ser possível até 2040, e isto confunde o mundo em que nos encontramos no domínio da robótica humanoide, até as pessoas ficam confusas quanto à existência ou não de robôs humanóides e, felizmente, a resposta é afirmativa, mas não como o que se vê nos filmes, mas os engenheiros de IA querem criar um tipo de IA tão forte que chegue a essa altura. Por isso, na minha investigação, vou expor os resultados da análise no domínio dos "robôs humanóides" e desenvolver os meus próprios modelos para o avanço da robótica humanoide, o que seria uma pequena mas sincera contribuição da minha parte para tornar os robôs humanóides mais parecidos com os humanos. Veja abaixo algumas imagens da realidade dos robôs humanóides e da ficção científica para investigação e desenvolvimento futuros.

Categoria da tese:

A categoria da tese é a investigação teórica e matemática que passará pelo processo de análise da IA, porquê uma IA forte para o Cérebro Biónico e os Robôs Humanoides?, como poderia desenvolvê-la?, passarei pela revisão da literatura, pela história para avançar na investigação a nível mundial em curso sobre "Cérebro Biónico, Robótica Humanoide" e, após a conclusão da parte de análise, preparei modelos para o Cérebro Biónico para a Engenharia da

Robótica Humanoide, que seriam novos e propostos pela primeira vez, o que ajudará os designers e programadores de IA dos Robôs Humanoides na sua implementação.

Análise e conceção (Modelação teórica e matemática):

Na minha investigação, começarei por analisar os inquéritos bibliográficos, a história da IA, da IA forte, do ciborgue, do cérebro biónico e da robótica a partir de vários dados secundários e fontes de informação, como livros brancos, pequenos ensaios, documentos de investigação, documentos de análise de investigação, jornais noticiosos, monografias e livros de referência padrão no domínio da IA, da robótica e da robótica humanoide. Recolherei e aperfeiçoarei os dados e voltarei a aperfeiçoá-los até que os dados se transformem em informação, onde continuarei a filtrar a informação para a converter em inteligência, a fim de desenvolver os modelos de engenharia mais sofisticados do cérebro biónico e dos robôs humanóides.

Robôs biónicos humanóides: A procura de uma inteligência semelhante à humana

Os robôs humanóides representam uma das fronteiras mais ambiciosas e desafiantes no domínio da IA em robótica. A procura de uma inteligência semelhante à humana nas máquinas tem sido um objetivo de longa data, impulsionado pelo desejo de criar robôs que possam integrar-se perfeitamente em ambientes humanos e executar tarefas de uma forma semelhante à dos seres humanos. Este objetivo envolve não só a reprodução da forma humana, mas também a emulação das capacidades cognitivas e físicas humanas. Os robôs humanóides, equipados com IA, estão a ser concebidos para interpretar e responder a comportamentos humanos complexos, emoções e sinais sociais. Este nível de sofisticação exige algoritmos avançados capazes de processar grandes quantidades de dados sensoriais, desde sinais visuais a entoações de voz, tornando estes robôs mais perceptivos e interactivos.

A conceção de robôs humanóides é uma tarefa complexa que envolve a integração de vários componentes de IA. Estes robôs precisam de ter um equilíbrio entre a forma e a funcionalidade, assegurando que são fisicamente capazes de executar tarefas, ao mesmo tempo que são cognitivamente avançados. Este equilíbrio exige uma sinergia de

mecânica, eletrónica e IA. Os robôs humanóides estão equipados com membros e juntas articulados, imitando o movimento e a destreza humanos. A integração da IA permite que estes robôs aprendam e aperfeiçoem os seus movimentos, permitindo interações mais fluidas e naturais. O desafio consiste em criar robôs que se adaptem à imprevisibilidade dos ambientes humanos, onde cada interação pode apresentar uma nova variável.

Além disso, a procura de uma inteligência semelhante à humana nos robôs humanóides estende-se à sua capacidade de aprender e evoluir. Através da aprendizagem automática, estes robots podem acumular conhecimentos e competências ao longo do tempo, adaptando-se a novas tarefas e ambientes. Esta capacidade de aprendizagem é crucial para tarefas que exigem um elevado grau de flexibilidade, como a prestação de cuidados ou o serviço ao cliente. Nestas funções, os robots humanóides têm de compreender e adaptar-se às preferências e necessidades individuais, o que exige um elevado nível de sofisticação da IA.

Além disso, o desenvolvimento de robôs humanóides não se resume a realizações técnicas, mas também à exploração dos limites da interação homem-robô. Estes robôs desafiam as nossas percepções das máquinas, esbatendo as linhas entre as capacidades humanas e as das máquinas. À medida que os robôs humanóides se tornam mais avançados, apresentam oportunidades para novas aplicações, desde a companhia e assistência a papéis no entretenimento e na educação. A procura de uma inteligência semelhante à humana nos robôs é, portanto, uma viagem que vai para além da engenharia e da computação; é uma incursão nos domínios da psicologia, da sociologia e da ética, explorando a forma como estas máquinas se enquadram no mundo humano.

Modelação matemática

A modelação matemática é o processo de criação de modelos matemáticos para descrever fenómenos do mundo real. A modelação matemática é o processo de aplicação da matemática a uma variedade de problemas do mundo real. É uma ferramenta poderosa que pode fornecer informações sobre sistemas complexos, desde a compreensão dos padrões de tráfego e a previsão das alterações climáticas até à conceção de aeronaves. À medida que a tecnologia continua a avançar, a modelação matemática tornar-se-á cada vez mais importante para o desenvolvimento de soluções eficazes.

Como definir a modelação matemática?

A modelação matemática é o processo de construção de modelos matemáticos para representar um fenómeno ou sistema. Inclui o desenvolvimento, a análise e a interpretação de várias ferramentas matemáticas, como equações, funções, algoritmos e métodos computacionais, a fim de estudar o seu comportamento. Os modelos matemáticos são utilizados em várias disciplinas, incluindo a física, a engenharia, a economia e as finanças, para obter informações sobre problemas que, de outro modo, seriam difíceis ou impossíveis de resolver utilizando apenas abordagens analíticas. No ensino da matemática, a modelação matemática pode servir como uma ferramenta poderosa para ensinar competências de resolução de problemas e pensamento crítico. Através da utilização de modelos matemáticos existentes em sistemas de produção de ruminantes, por exemplo, os estudantes podem desenvolver a sua compreensão dos princípios subjacentes a estes sistemas complexos. Além disso, ao explorar diferentes paradigmas e abordagens na resolução de problemas matemáticos, podem também encontrar soluções criativas que podem levar a novos avanços neste domínio. Este tipo de abordagem dá aos alunos a oportunidade de aplicarem os seus conhecimentos de forma significativa, ajudando-os a tornarem-se mais competentes na resolução de problemas difíceis, tanto dentro como fora da sala de aula. Além disso, permite que os educadores avaliem melhor o desempenho dos alunos em tarefas relacionadas com aplicações do mundo real, o que pode oferecer uma visão valiosa dos seus pontos fortes e fracos.

O que são exemplos de modelação matemática?

A modelação matemática é o processo de criação de uma representação matemática de sistemas e fenómenos do mundo real. Este modelo pode então ser utilizado para melhor compreender, analisar ou prever os resultados desses sistemas e fenómenos. Exemplos de modelação matemática incluem engarrafamentos de trânsito, modelos probabilísticos na aprendizagem de máquinas, modelos matemáticos para prever engarrafamentos fantasma, modelos de trânsito utilizando modelos compartimentais, cálculo básico do número de reprodução (R0) em epidemiologia e modelos matemáticos existentes na produção de ruminantes.

No que diz respeito aos engarrafamentos, muitos matemáticos desenvolveram vários modelos diferentes que tentam representar este sistema de forma realista no papel. Estes incluem a teoria das filas de espera, que analisa a forma como os veículos entram e saem das filas, bem como as diferenças de velocidade entre os carros devido ao congestionamento; simulações baseadas em agentes que acompanham os comportamentos individuais dos condutores; e a teoria dos grafos, que cria redes com nós que representam estradas e arestas que representam intersecções ou ligações entre duas estradas. Todos estes métodos ajudam-nos a compreender melhor o que leva a um congestionamento, como se formam e como podemos potencialmente reduzir a sua ocorrência futura.

Nas estratégias de controlo de doenças, como os planos de resposta à pandemia de COVID-19 implementados pelos governos de todo o mundo, é frequentemente discutida uma métrica importante chamada R0. Este valor representa o número médio de pessoas que contrairão uma determinada infeção a partir de uma pessoa infetada nas condições actuais, sem quaisquer intervenções ou tratamentos aplicados. A modelização matemática desempenha aqui um papel fundamental, uma vez que fornece estimativas de R0 através de técnicas de modelização por compartimentos, para que os responsáveis pela saúde pública possam planear as suas políticas de contenção em conformidade com os recursos disponíveis. Do mesmo modo, os cientistas animais também utilizam a matemática quando estudam as populações de animais - existem numerosos modelos matemáticos na produção de ruminantes, em que os grandes efectivos são modelados ao longo do tempo no que diz respeito à estrutura etária e às taxas de reprodução, todas determinadas matematicamente através de equações e algoritmos que permitem aos agricultores prever com maior precisão a dinâmica dos efectivos durante longos períodos de tempo. A modelação matemática tem vindo a tornar-se cada vez mais prevalecente em muitas disciplinas, desde a biologia à economia, fornecendo assim aos investigadores ferramentas poderosas que ajudam à descoberta em domínios científicos complexos, ao mesmo tempo que lançam luz sobre muitos sistemas intrincados que se encontram atualmente na natureza

O que são exemplos de modelação matemática?

A modelação matemática é o processo de criação de representações matemáticas, ou modelos, de fenómenos do mundo real. Pode ser utilizada para obter informações sobre sistemas complexos e fazer previsões sobre o seu comportamento. Os modelos são criados utilizando uma variedade de ferramentas, tais como distribuições de probabilidade, equações diferenciais, triângulos rectos, redes neuronais e equações cinemáticas.

Por exemplo, o fluxo de tráfego numa estrada circular pode ser modelado definindo explicitamente a função que descreve a forma como os carros se deslocam ao longo da estrada. As técnicas de identificação de sistemas não lineares também podem ser utilizadas para criar modelos mais precisos com base em dados recolhidos em experiências no mundo real. Além disso, as leis da física podem ser aplicadas para modelar fenómenos físicos como a dinâmica dos fluidos.

Em termos de aplicações, a modelação matemática é útil em muitos domínios diferentes, incluindo a conceção de engenharia, a previsão financeira, o diagnóstico médico e a investigação sobre as alterações climáticas. Eis alguns exemplos específicos:

Fluxo de tráfego - Os modelos matemáticos fornecem informações sobre a forma como os padrões de tráfego variam sob diferentes condições ambientais, tais como alterações climáticas ou obras de construção.

Função explícita - Os matemáticos utilizam funções explícitas para descrever relações entre duas variáveis e prever valores futuros com base em pontos de dados passados.

Identificação de sistemas não lineares - Os cientistas utilizam esta técnica para identificar parâmetros desconhecidos em sistemas não lineares, o que lhes permite compreender melhor as interações complexas entre componentes em grandes ecossistemas.

Distribuições de probabilidade - Estas distribuições fornecem informações sobre a probabilidade de ocorrência de determinados resultados com base em determinados dados, pelo que são extremamente úteis na tomada de decisões com resultados incertos.

Leis da Física - Ao aplicar princípios derivados da mecânica clássica e da termodinâmica, os matemáticos são capazes de simular com precisão processos físicos, como o fluxo de fluidos ou a transferência de calor, para analisar sistemas complexos como motores e unidades de ar condicionado.

Equações diferenciais - Este tipo de equação ajuda-nos a compreender como pequenas alterações ao longo do tempo afectam tendências de maior escala, como o crescimento da população ou as flutuações de temperatura numa área.

Triângulos rectos - As propriedades geométricas dos triângulos rectos podem ser calculadas utilizando funções trigonométricas que facilitam a resolução de problemas relacionados com a navegação ou a topografia.

Redes Neuronais - Os algoritmos de inteligência artificial baseiam-se fortemente na matemática para aprender novos conceitos através de conjuntos de dados de treino e reconhecer padrões que, de outra forma, seriam demasiado difíceis de observar apenas por humanos.

Equações cinemáticas - As equações de movimento ajudam-nos a calcular o deslocamento, a velocidade, a aceleração, o momento, etc., factores importantes quando estudamos objectos que se deslocam a alta velocidade, como planetas em órbita de estrelas ou foguetões lançados para o espaço!

A modelização matemática fornece ferramentas poderosas para compreender e prever fenómenos do mundo real que podem ter implicações de grande alcance para a nossa capacidade de enfrentar desafios globais e melhorar a qualidade de vida humana em geral.

Para que é utilizada a modelação matemática?

A modelação matemática tornou-se uma ferramenta cada vez mais importante no mundo moderno. Trata-se de um processo de construção de descrições matemáticas, ou modelos, que captam o comportamento e as propriedades dos fenómenos do mundo real. A modelação é utilizada para desenvolver conhecimentos sobre sistemas e processos complexos, bem como para prever resultados futuros.

Os tipos de modelação matemática variam muito em função da natureza do problema que está a ser resolvido. As técnicas de validação cruzada são normalmente utilizadas para criar modelos mais precisos, comparando diferentes conjuntos de dados de treino com modelos existentes. A álgebra linear pode ser utilizada para criar modelos de caixa negra, concebidos para imitar determinados comportamentos sem detalhar especificamente o seu funcionamento interno. Por outro lado, os modelos mecanicistas exigem um conhecimento exaustivo dos parâmetros do modelo e da forma como estes interagem entre si. Os modelos estatísticos fornecem informações com base na análise de dados agregados, enquanto os métodos de inteligência artificial (IA) utilizam algoritmos de aprendizagem automática para gerar resultados preditivos a partir de grandes conjuntos de dados.

A modelação matemática pode ser aplicada em muitas disciplinas, como a engenharia, a economia, a química, a biologia, as finanças e a física, para compreender melhor os sistemas complexos ou fazer previsões sobre cenários potenciais. Também ajuda os cientistas a descobrir relações ocultas entre variáveis que, de outra forma, permaneceriam desconhecidas. Como tal, constitui uma forma poderosa para os investigadores explorarem várias hipóteses de forma rápida e eficiente, mantendo a exatidão.

Introdução à direção da investigação

A observação é a base fundamental para a nossa compreensão do mundo que nos rodeia. Mas a observação, por si só, apenas nos dá informações sobre acontecimentos específicos; fornece pouca ajuda para lidar com novas situações. A nossa capacidade e aptidão para reconhecer semelhanças e padrões em diferentes acontecimentos, para destilar os factores importantes para um fim específico e para generalizar a nossa experiência permite-nos operar eficazmente em novos ambientes. O resultado desta capacidade é o conhecimento, um recurso essencial para qualquer agente inteligente. O conhecimento varia em termos de sofisticação, desde a simples classificação até à compreensão, e assume a forma de princípios e modelos. Um princípio é simplesmente uma afirmação geral e exprime-se de várias formas, desde serras, slogans, opiniões a equações matemáticas. Podem variar quanto à sua validade e precisão. Um modelo é, grosso modo, uma analogia ou um mapa de um determinado objeto, processo ou fenómeno de interesse. É utilizado para explicar, prever ou controlar um acontecimento ou um processo. Por exemplo, uma réplica em miniatura de um carro, colocada num túnel de vento, permite-nos prever a resistência do ar ou o turbilhão de ar de um carro real; um globo terrestre permite-nos estimar as distâncias entre locais; um gráfico constituído por nós (correspondentes a locais) e arestas (correspondentes a ruas entre os locais) permite-nos encontrar o caminho mais curto entre dois locais sem ter de conduzir entre eles; e um sistema de equações diferenciais permite-nos equilibrar um pêndulo invertido calculando, a intervalos curtos, a velocidade e a direção do carro em que o pêndulo está fixo. Um modelo é um meio poderoso de estruturar o conhecimento, de apresentar a informação de uma forma facilmente assimilável e concisa, de fornecer um método conveniente para efetuar certos cálculos, de investigar e prever novos acontecimentos. O objetivo final é tomar decisões, controlar o nosso ambiente, prever acontecimentos ou simplesmente explicar um fenómeno.

Modelos e suas funções

Os modelos podem ser classificados de várias formas. As suas caraterísticas variam em função de diferentes dimensões: função, explicitação, pertinência, formalização. São utilizados em teorias científicas ou num contexto mais pragmático. Eis alguns exemplos classificados por função, mas que variam também noutros aspectos. Ilustram as inúmeras multidões de modelos e a sua importância na nossa vida.

Os modelos podem explicar os fenómenos. A relatividade especial de Einstein explica a experiência de Michelson-Morley de 1887 de uma forma maravilhosamente simples e ultrapassou o modelo do éter na física. Os economistas introduziram os modelos IS-LM ou de expetativa racional para descrever um equilíbrio macroeconómico. Os biólogos constroem modelos matemáticos de crescimento para explicar e descrever o desenvolvimento das populações. Os cosmólogos modernos utilizam o modelo do big-bang para explicar a origem do nosso universo, etc. Existem também modelos para controlar o nosso ambiente. Um operador humano, por exemplo, controla o processo de aquecimento num forno abrindo e fechando várias válvulas. Ele sabe como o fazer graças a um padrão aprendido (modelo); este padrão pode ser formulado como uma lista de instruções do seguinte modo "SE a chama estiver azulada na porta de entrada, ENTÃO abra ligeiramente a válvula 34". O modelo não é normalmente descrito de forma explícita, mas foi aprendido implicitamente com outro operador e talvez melhorado, através de tentativa e erro, pelo próprio operador. A experiência e o know-how resultantes são por vezes difíceis de exprimir em palavras; trata-se de uma espécie de conhecimento tácito. No entanto, pode dizer-se que o operador actua com base num modelo que tem em mente.

Por outro lado, o procedimento de manutenção do avião, de acordo com uma lista de controlo pormenorizada, é muito explícito. O modelo é possivelmente um enorme guia que instrui o pessoal de manutenção sobre como proceder em cada situação. Os processos químicos podem ser controlados e explicados através de modelos matemáticos complexos. Estes modelos contêm frequentemente um conjunto de equações diferenciais de difícil resolução. Estes modelos são também explícitos e escritos numa linguagem formalizada.

Outros modelos são utilizados para controlar um ambiente social e contêm frequentemente componentes normativos. Os corretores tentam frequentemente, com mais ou menos sucesso, utilizar diretrizes e princípios como: "a FED divulga uma previsão de défice público elevado; o dólar vai ficar sob pressão, por isso venda imediatamente". Muitas vezes, essas orientações não têm origem numa teoria económica sofisticada; apenas se revelam verdadeiras porque muitos as seguem. Muitos modelos nos processos sociais são desse tipo. Todos nós seguimos determinados princípios, regras, normas ou máximas que controlam ou influenciam o nosso comportamento. Outros modelos ainda constituem a base para a tomada de decisões. O famoso modelo em cascata do ciclo de desenvolvimento de software diz que a implementação de um novo software tem de ser feita por fases: análise, especificação, implementação, instalação e manutenção. Este modelo dá aos programadores de software uma ideia geral de como proceder quando escrevem software complexo e oferece uma ferramenta rudimentar para os ajudar a decidir a ordem pela qual as tarefas devem ser realizadas. Não diz nada sobre o tempo que a equipa de software tem de permanecer numa determinada fase, nem o que deve fazer se as tarefas anteriores tiverem de ser revistas: Representa uma regra de ouro.

Um exemplo de um modelo de tomada de decisão mais formal e complexo seria um modelo matemático de produção composto normalmente por milhares de restrições e variáveis, tal como utilizado na indústria petrolífera para decidir como e em que quantidades transformar o petróleo bruto em gasolina e combustível. As restrições - escritas como equações matemáticas (ou desigualdades) - são as limitações de capacidade, a disponibilidade de matérias-primas, etc. As variáveis são as quantidades desconhecidas dos vários produtos intermédios e finais a produzir. O objetivo é atribuir valores numéricos às variáveis para que o custo seja minimizado, o lucro maximizado ou outros objectivos sejam atingidos.

Ambos os modelos são ferramentas na mão de um agente inteligente que o orientam nas suas actividades e o apoiam nas suas decisões. Os dois modelos são muito diferentes em termos de forma e expressão; o modelo em cascata contém apenas uma lista informal de acções a realizar; o modelo de produção, por outro lado, é um modelo matemático altamente sofisticado com milhares de variáveis que tem de ser resolvido por um computador. Mas o grau de formalidade ou complexidade não é necessariamente uma indicação da "utilidade" do modelo, embora um modelo mais formal deva normalmente ser mais preciso, mais conciso e mais consistente. Os modelos verbais e pictóricos, por outro lado, dão apenas uma visão grosseira da situação real.

Os modelos podem ou não ser pertinentes para alguns aspectos da realidade; podem ou não corresponder à realidade, o que significa que os modelos podem ser enganadores. O modelo medieval da reprodução humana, que sugere que os bebés se desenvolvem a partir de homúnculos - corpos completamente desenvolvidos dentro do útero da mulher - leva à conclusão absurda de que a raça humana se extinguiria após um número finito de gerações (a menos que exista um número infinito de homúnculos aninhados uns dentro dos outros). O modelo de uma Terra plana, em forma de disco, pode ter impedido muitos navegadores de explorar os oceanos para além das regiões costeiras próximas, porque tinham medo de "cair" na borda do disco terrestre. O modelo da taxa de lucro decrescente na teoria económica de Marx previa a autodestruição do capitalismo, uma vez que o progresso da produtividade se reflecte num número decrescente de horas de trabalho em relação ao capital. De acordo com esta teoria, o trabalho é o único fator que acrescenta mais-valia aos produtos.

Schumpeter concordou com a previsão de Marx, mas baseou a sua teoria num modelo muito diferente: O capitalismo produzirá cada vez menos empresários inovadores que geram lucros! Os dois últimos exemplos mostram que modelos sofisticados muito diferentes podem por vezes levar às mesmas conclusões. Em neurologia, as redes neuronais artificiais, constituídas por uma matriz de pesos de ligação, podem ser utilizadas como modelos para o funcionamento do cérebro. É claro que um modelo deste tipo abstrai de todos os aspectos, exceto da conetividade que tem lugar no cérebro. No entanto, alguns neurologistas acreditam que apenas 5%(!) da informação passa através das sinapses. Se isto for verdade, as redes neuronais artificiais seriam, de facto, modelos inadequados para o funcionamento do cérebro.

Estes exemplos mostram que os modelos são omnipresentes na nossa vida. "Toda a história do homem, mesmo nas suas actividades menos científicas, mostra que ele é essencialmente um animal construtor de modelos" [55] (ver também [60]). Vivemos com "bons" e "maus" modelos, com modelos "corretos" e "incorrectos". Eles regem o nosso comportamento, as nossas crenças e a nossa compreensão do mundo que nos rodeia. Essencialmente, vemos o mundo através dos modelos que temos em mente. O valor de um modelo pode ser medido pelo grau em que nos permite responder a perguntas, resolver problemas e fazer previsões corretas. Melhores modelos permitem-nos tomar melhores decisões, e melhores decisões levam-nos a uma melhor adaptação e sobrevivência - o "objetivo" final de cada ser.

O que é o modelo?

Modelação - uma definição informal

O termo modelo tem vários significados e é utilizado para muitos fins diferentes. Usamos massa de modelar para formar pequenas réplicas de objectos físicos; as crianças - e por vezes também os adultos - brincam com um modelo de comboio ou de avião; os arquitectos constroem modelos de casas (à escala) ou de apartamentos (em tamanho real) para os mostrar a novos clientes; algumas pessoas trabalham como modelos fotográficos, outras tomam alguém como modelo, muitas gostariam de ter um amigo modelo. Os modelos podem ser muito mais pequenos do que o original (um modelo ordenado e mecânico do sistema solar) ou muito maiores (o modelo do átomo de Rutherford). Um diorama é uma representação tridimensional que mostra modelos realistas de pessoas, animais ou plantas. Um modelo em corte mostra o seu protótipo tal como apareceria se parte do exterior tivesse sido cortado para mostrar a estrutura interior. Um modelo em corte é feito de forma a poder ser desmontado em camadas ou secções, cada camada ou secção revelando novas caraterísticas (por exemplo, o corpo humano).

Os modelos de trabalho têm partes móveis, tal como os seus protótipos. Estes modelos são muito úteis para o ensino da anatomia humana ou da mecânica. Os antigos egípcios colocavam pequenos navios nos túmulos dos defuntos para lhes permitir atravessar o Nilo. Em 1679, Colbert ordenou aos superintendentes de todos os estaleiros navais reais que construíssem um modelo exato de cada navio. O objetivo era ter um conjunto de modelos que serviriam como padrões precisos para quaisquer navios construídos no futuro. (Atualmente, os modelos estão expostos no Musee de la Marine, em Paris.) Até há pouco tempo, um novo avião era inicialmente planeado no papel. O passo seguinte era construir um pequeno modelo que era colocado num túnel de vento para testar a sua aerodinâmica. Atualmente, os aviões são concebidos em computadores e são utilizados modelos de simulação sofisticados para testar diferentes aspectos dos mesmos.

Os vários significados de modelo nos exemplos anteriores têm todos uma caraterística comum: um modelo é uma imitação, um padrão, um tipo, um modelo ou um objeto idealizado que representa o objeto real, físico ou virtual, de interesse. No exemplo do navio, tanto o original como o modelo são objectos físicos. O objetivo é sempre ter uma cópia de um objeto original, porque é impossível ou demasiado dispendioso trabalhar com o próprio original. Naturalmente, a cópia não é perfeita no sentido de reproduzir todos os aspectos do objeto. Apenas algumas das particularidades são duplicadas. Assim, um orrery é inútil para o estudo da vida em Marte. Os modelos seccionais do corpo humano não podem ser utilizados para calcular a produção de calor do corpo. Os modelos de navios de Colbert foram construídos com tanta precisão que forneceram dados inestimáveis para a investigação histórica; não era esse o seu objetivo original. Aparentemente, o uso dado a estes modelos de navios mudou ao longo do tempo.

Para além destes modelos físicos, existem também os modelos mentais. Trata-se de modelos intuitivos que existem apenas na nossa mente. São normalmente difusos, imprecisos e abstraem muitos pormenores. Os arquitectos não constroem geralmente modelos à escala. Em vez disso, elaboram planos exactos e diferentes projecções bidimensionais da futura casa. Os geógrafos utilizam modelos topográficos e mapas precisos para traçar o terreno.

COMO MODELAR

A modelação é uma arte! Mas a modelação é também uma competência que pode ser aprendida. Cada problema a resolver é novo e, por isso, não existe uma receita única para o modelar e resolver, mas existem diretrizes. A habilidade mais importante, no entanto, é praticar, praticar e praticar. Olhando para os problemas, tentar resolvê-los, analisando e reproduzindo como outras pessoas os resolveram. Desta forma, o aluno ganha experiência e segurança. Também se deve aprender os conceitos teóricos que vão ao longo do processo de modelação. Por exemplo, se for utilizado o conceito de "grafo", devem ser aprendidos os conceitos básicos da teoria dos grafos, se for modelado um "modelo matemático linear", devem ser aprendidos os conceitos básicos da álgebra linear. Basicamente, o processo de modelação desenrola-se por etapas:

Reconhecimento ->Formulação -> Solução -> Validação

O reconhecimento é a fase em que o problema é identificado e a importância da questão é percebida; a formulação é a etapa mais difícil: o modelo é montado e uma estrutura matemática é estabelecida; a solução é a fase em que um algoritmo é escolhido ou concebido para encontrar uma solução; finalmente, o modelo deve ser interpretado e validado à luz do problema original: é consistente?

Corresponde à realidade? etc. No entanto, a modelação é essencialmente um processo iterativo em que as diferentes etapas devem ser repetidas. As razões são múltiplas: Uma primeira tentativa não produz frequentemente um modelo satisfatório para o problema original. É muitas vezes demasiado rudimentar ou simplesmente inexato ou mesmo errado na representação do problema original. Quando impreciso, o modelo tem de ser modificado; quando demasiado rudimentar, tem de ser refinado; quando demasiado inadequado, o modelo tem de ser rejeitado. Este processo de modificação-refinamento-rejeição é muito importante e é a regra e não a exceção. Tenha isto em mente! Cada etapa é nova e um processo criativo que pode ir na direção errada, pelo que a perseverança é outro pré-requisito que um modelador deve adquirir para ser bem sucedido. Passar de uma fase para outra significa também descobrir - desvendar - novas estruturas e ligações que eram anteriormente desconhecidas para o modelista. Isto é inevitável, uma vez que o processo de modelação não é uma atividade mecânica, em que os objectivos intermédios e finais são conhecidos de antemão.

O processo é fundamentalmente imprevisível. A evolução de um modelo não é muito diferente da dos paradigmas descritos pela história da ciência [78]. Aos períodos "normais" de pequenas melhorias e correcções sucessivas seguem-se "períodos de crise", durante os quais as afirmações de base são radicalmente postas em causa e eventualmente substituídas. Por estas razões, os modelos devem ser sempre considerados como experimentais e sujeitos a uma avaliação e validação contínuas. Lembre-se que é fácil falsificar, mas não é fácil verificar um modelo! Vejamos mais de perto as quatro fases.

Reconhecimento e especificação do problema

Em primeiro lugar, deve dizer-se que muito pouco progresso pode ser feito na modelação sem compreender completamente o problema que tem de ser modelado. Se o modelador não estiver familiarizado com o problema real, nunca será capaz de construir um modelo do mesmo. Tradicionalmente, não há muita matemática envolvida nesta fase. O problema é estudado durante muito tempo, os dados são recolhidos e são formuladas leis ou diretrizes empíricas antes de se fazer um esforço sistemático para fornecer um modelo de apoio. O primeiro erro resulta de uma ideia errónea de que o modelo final e formalizado e a sua solução são mais importantes do que esta fase "preliminar", embora seja essencial um estudo cuidadoso e exato do problema. O segundo erro surge frequentemente porque muitos modeladores pensam que a utilização de um certo formalismo é mais importante do que a utilização de uma notação adequada que reflicta o problema. No entanto, o formalismo mais sofisticado é inútil se não refletir algumas caraterísticas significativas do problema subjacente. Muitas vezes, os modeladores só têm acesso a um arsenal limitado de ferramentas de modelação e aplicam o que têm à mão. A adequação vem em segundo lugar, o que faz com que a abordagem incorrecta seja frequente!

Assim, logo no início do processo de modelação, é necessário ter conhecimentos especializados e um bom olho para filtrar os factores sem importância. Por muito difícil e, por vezes, fastidioso que seja o processo de modelação, não há forma de o contornar: É impossível especificar um problema sem criar um modelo informal. Qualquer especificação é um modelo que utiliza uma linguagem ou um simbolismo. A primeira formulação é maioritariamente em linguagem natural. Normalmente, a formulação é acompanhada de esboços ou desenhos. Nesta fase, os objectivos devem ser claramente definidos. Deve ser apresentado um plano sobre a forma de atacar o problema. Nos manuais sobre resolução de problemas em matemática aplicada, esta primeira fase é assumida, mas quando se enfrenta um problema real, muitas vezes nem sequer é claro em que consiste o problema. A menos que o modelador acerte isto logo no início, é de pouca utilidade construir um modelo formalizado.

Formulação do modelo (matemático)

A matemática é a ciência da procura de padrões e de estruturas. É a atividade intelectualmente mais gratificante e, sem dúvida, criativa. A tradução de um problema em notação matemática utiliza conhecimentos e competências matemáticas, bem como a perícia do problema. Mas também requer algo mais: o talento para reconhecer o que é essencial num determinado contexto e para descartar o irrelevante, bem como uma intuição quanto à estrutura matemática mais adequada ao problema. Esta intuição não pode ser aprendida como se aprende a resolver equações matemáticas. Tal como a natação, esta competência pode ser adquirida observando os outros e depois tentando por si próprio. Por conseguinte, é difícil fornecer uma descrição formal adequada do processo de formulação de modelos.

Uma vez que o foco aqui é nos modelos matemáticos, tal como definidos noutro trabalho (ver [75]). A um nível abstrato, não há dúvidas sobre o que tem de ser feito: definir as variáveis x e encontrar as restrições $R(x)$ para o modelo, bem como recolher os dados e os parâmetros p. A um nível mais concreto, apenas se podem dar algumas orientações, tais como:

- Estabelecer uma declaração clara dos objectivos
- Reconhecer as variáveis-chave, agrupá-las (agregar)
- Identificar os estados e recursos iniciais
- Desenhar diagramas de fluxo
- Não escrever longas listas de caraterísticas
- Simplificar em cada etapa
- Começar a trabalhar com a matemática o mais rapidamente possível
- Saber quando parar.

Polya, no seu trabalho clássico [20] (ver também [21]) sobre resolução de problemas, tentou dar estratégias heurísticas para atacar problemas matemáticos - um ensaio que todas as pessoas que fazem modelação a sério deviam ler. Polya resumiu-as da seguinte forma:

1. Compreender o problema: Qual é (são) a(s) incógnita(s)? Quais são os dados? Quais são as condições ou restrições? São contraditórias ou algumas delas são redundantes?

2. Conceber um plano de ataque: Conhece algum problema relacionado? Consegue explicar o problema? Consegue resolver uma parte, um caso especial ou um problema mais geral? Utilizou todos os dados e todas as noções essenciais do problema?

3. Realizar o plano: Resolver os problemas relacionados. Verificar cada passo.

4. Olhando para trás: Acreditas mesmo na resposta?

Na segunda parte do presente documento são apresentados vários exemplos.

Resolução do modelo matemático

Uma vez concluída a etapa de formulação do modelo, o modelo matemático deve ser resolvido, ou seja, o modelo deve ser transformado através do cálculo de forma a eliminar as incógnitas. Dizemos que um modelo está resolvido se uma expressão numérica ou simbólica contendo apenas parâmetros e números for atribuída a cada variável de modo a que todas as restrições sejam cumpridas. A etapa de solução pode ser muito simples, como na maioria dos exemplos da terceira parte deste documento. Na maior parte das vezes, não é esse o caso. É fácil formular modelos de aparência inocente que são muito difíceis de resolver. Para certas classes de modelos, existe um quadro matemático bem compreendido e software numérico para os resolver. Caso contrário, o modelo deve ser reformulado para ser tratável. Muitas vezes, não é necessário reformular um modelo intratável; recorre-se a técnicas de simulação ou a heurísticas para encontrar soluções aproximadas - esperemos que boas - para o modelo. De qualquer modo, em todos os casos, exceto nos casos triviais, a solução não pode ser realizada manualmente, sendo necessário desenvolver programas de computador para executar os longos cálculos. Mas mesmo que a teoria matemática de um problema seja simples, a invenção de um algoritmo adequado pode exigir um engenho considerável. Além disso, não é fácil escrever software numericamente estável e fiável. Por isso, para muitas classes de problemas, os pacotes de software disponíveis - chamados "solvers" - foram criados por analistas numéricos especializados. Ao utilizar um solver, o modelo deve ser colocado numa forma que possa ser lida pelo solver apropriado. Esta é uma tarefa laboriosa e sujeita a erros, especialmente no caso de modelos de grandes dimensões com muitos dados envolvidos. Os dados têm de ser lidos e filtrados corretamente a partir das bases de dados, a estrutura do modelo tem de ser reformulada e a saída gerada tem de ser uma forma correta para ser introduzida no solucionador. Para esta tarefa, existem ferramentas de modelação, como as linguagens de modelação (matemáticas), que podem simplificar bastante esta tarefa. (Tenho mais a dizer sobre linguagens de modelação num outro artigo: [70]).

Validação e interpretação

Criar e construir um modelo é um processo criativo em que "vale tudo", mas verificar e validar o modelo é uma tarefa completamente diferente. A validação, de facto, é um processo contínuo e ocorre em todas as fases, não apenas na parte final. Por validação entende-se o processo de verificação do modelo em relação à realidade, e o tipo mais forte de validação é a previsão.1 Mas a validação é muito mais do que inspecionar as semelhanças ou dissemelhanças do modelo em relação à realidade. Inclui uma variedade de investigações que ajudam a tornar o modelo mais ou menos credível. Isto consiste em muitas questões que devem ser respondidas, tais como: O modelo é matematicamente consistente? Os dados utilizados pelo modelo são consistentes? É comensurável? O modelo funciona como pretendido? Ele "prevê" soluções conhecidas usando dados históricos? Os peritos no domínio chegam às mesmas conclusões que o modelo? Como é que o modelo se comporta em casos extremos ou simplificados? O modelo é numericamente estável? Qual é a sensibilidade do modelo a pequenas alterações nos dados de entrada? Passemos em revista vários elementos:

1. **Consistência lógica**: É claro que um modelo deve estar livre de contradições, uma vez que de uma afirmação inconsistente tudo se segue ("ex falso quodlibet"). Isto é trivial! No entanto, num processo prático de construção de modelos, as inconsistências surgem de forma natural, principalmente devido a objectivos contraditórios ou a restrições rígidas.

2. **Consistência dos tipos de dados**: Esta questão tem sido discutida em pormenor e ao longo de muitos anos pela comunidade das linguagens de programação. A verificação do tipo de dados significa verificar a pertença de um valor ao domínio antes de este ser atribuído a um objeto de armazenamento nos computadores.

3. **Coerência do tipo de unidade**: Outra questão é verificar se os dados nas expressões são comensuráveis. Num contexto de modelação, a verificação dimensional é da maior importância, uma vez que a maioria das quantidades são medidas em unidades (dólar, hora, metro, etc.). A experiência no ensino da investigação operacional revela que um dos erros mais frequentes cometidos pelos alunos na modelação é a inconsistência das unidades de medida. Na física e noutras aplicações científicas, bem como nas aplicações técnicas e comerciais, a utilização de unidades de medida no cálculo tem uma longa tradição. Esta utilização aumenta a fiabilidade e a legibilidade dos cálculos.

4. **Verificação de dados definidos pelo utilizador**: Tenho os dados corretos? Os dados estão corretos e são consistentes? Os dados estão completos? Muitas vezes, a verificação dos dados é, por si só, uma tarefa enorme. Mas é necessária, caso contrário, obtém-se um modelo do tipo garbage-in garbage-out, ou seja, o modelo só é útil se os dados fizerem sentido. Os dados também devem ser separados o mais possível da estrutura do modelo (ver). Desta forma, um conjunto de dados pode ser facilmente substituído por outro conjunto de dados. A aplicação de vários conjuntos de dados (conjuntos de dados mais pequenos ou conjuntos aleatórios, etc., numa fase preliminar de prototipagem) pode ajudar muito a encontrar inconsistências.

5. **Considerações sobre a simplicidade**: O modelo pode ser simplificado ou

reduzido? O princípio da Navalha de Ockham também se aplica à modelação. Parafraseando Einstein: O modelo deve ser tão simples quanto possível, mas não mais simples.

6. **Verificação de resolubilidade**: Formular um modelo que seja difícil de resolver é fácil. É possível experimentar vários solucionadores, mas por vezes é possível modificar o modelo - por exemplo, acrescentando restrições triviais - para ajudar o solucionador a encontrar uma solução num tempo mais curto. Estas técnicas requerem muita experiência e não podem ser expostas aqui (sem entrar em pormenores: um exemplo pequeno e simples é o modelo do buraco de pombo pinhole).

O processo de criação de modelos é uma tarefa difícil. Apenas aflorei alguns pontos importantes. O que é importante é praticar para ganhar experiência e estudar em paralelo os ramos da matemática utilizados num determinado contexto. O que se segue, numa segunda parte deste documento, é uma série de problemas bastante fáceis, que o leitor pode tentar resolver. Primeiro, os problemas são formulados, depois é apresentada uma solução possível com algumas observações sobre a modelação exposta nas secções anteriores.

CAPÍTULO 3

Resultados e discussão
Modelação matemática
Modelação matemática da RNA para o cérebro biónico

As tarefas inteligentes ou de reconhecimento de padrões são notoriamente difíceis de automatizar, apesar do facto de as pessoas parecerem lidar com elas com facilidade. Os seres humanos, por exemplo, parecem precisar de relativamente pouco esforço para distinguir coisas distintas e dar sentido à enorme quantidade de informação visual no seu ambiente. Compreender a forma como os seres humanos realizam estas tarefas e recriar estes processos na medida em que as restrições físicas o permitam é um próximo passo lógico para os sistemas computacionais que tentam realizar tarefas comparáveis. Consequentemente, o estudo e a modelação das redes neuronais são necessários para resolver este problema. O sistema nervoso humano tem um grande número de neurónios ligados entre si, conhecidos como rede neuronal (células nervosas). Nervoso e rede são termos que descrevem a estrutura em forma de gráfico de uma rede. Por outras palavras, uma rede neuronal artificial é qualquer tipo de sistema informático que se inspira nas redes neuronais biológicas. Os termos "redes neuronais", "sistemas de processamento distribuído paralelo" e "sistemas conexionistas" são todos utilizados para descrever as redes neuronais artificiais. Para que o sistema possa ser considerado "bonito", é necessário efetuar alguns cálculos básicos em os nós de uma estrutura gráfica orientada e rotulada. Existem "nós" (vértices) e depois existem "ligações" (por exemplo, arestas/links/arcs) que ligam estes dois nós. Os nós de uma rede neuronal efectuam cálculos básicos, enquanto as ligações transportam sinais de um nó para outro, com o valor "Força da ligação" ou "Peso" a reflitir o grau em que um sinal é amplificado ou diminuído por uma ligação. A capacidade e o conhecimento humanos foram substituídos por este sistema. Muita da linguagem utilizada nas redes neuronais artificiais é inspirada na neurologia, uma vez que são concebidas a partir do cérebro e para conceber "Cérebros Biónicos (Artificiais)" para aplicações de Robótica Humanoide.

Com a utilização de estatísticas modernas e princípios biológicos, uma rede neural artificial (RNA) pode resolver problemas em áreas como o reconhecimento de padrões e o jogo. O conceito fundamental das RNA baseia-se na imitação de neurónios acoplados de várias formas.

Modelos Matemáticos Evolutivos (MME)

Perceptrons: A rede neural mais simples, desenvolvida por Frank Rosenblatt em 1958, tem n entradas, um neurónio e uma saída, onde n é o número de caraterísticas no nosso conjunto de dados. Propagação direta é o nome dado ao método de envio de dados através de uma rede neural, e os três estágios abaixo explicam como a propagação direta funciona em um perceptron.

Passo 1: Multiplicar o valor de entrada xi pelos pesos wi e adicionar os valores multiplicados resultantes para cada entrada. A saída de um neurónio é influenciada pela força das ligações entre os seus neurónios, que são representadas pelos pesos. W1 é mais influente que W2 devido ao seu peso maior, e isso é verdade mesmo quando ambos têm pesos iguais.

$$\sum = (x1 \times x2) + (x2 \times w2) + \ldots\ldots + (xn \times wn)$$

Os vectores em linha das entradas e dos pesos são x = [xi, x_2, ... , x_n] e w =[wi, w_2, ... , wn] respetivamente e o seu produto escalar é dado por

$$x.w = (x1 \times x2) + (x2 \times w2) + \ldots\ldots + (xn \times wn)$$

Assim, o somatório é igual ao produto escalar dos vectores x e w

$$\sum = x.w$$

Passo 2: Chamemos-lhe z, o resultado da adição da polarização b aos números multiplicados. Para obter os valores de saída desejados, um viés - também conhecido como offset - deve ser aplicado à função de ativação como um todo.

$$z = x.w + b$$

Passo 3: Transformar z numa função de ativação não linear com a ajuda do valor dado. A saída neuronal seria uma função linear sem funções de ativação , que são utilizadas para induzir a não linearidade. O ritmo de aprendizagem da rede neuronal é também significativamente afetado por estes factores. A função de ativação do perceptron é uma função de passo binário. A nossa função de ativação será, no entanto, a função sigmoide, também conhecida como função logística.

$$\hat{y} = \sigma(z) = \frac{1}{1 + e^{-z}}$$

Recebemos o valor projetado após a prorrogação progressiva, que representa a função de ativação sigmoide.

Algoritmo de aprendizagem

A retropropagação e a otimização constituem o algoritmo de aprendizagem.

Retropropagação: Com o objetivo de determinar o gradiente da função de perda, o termo retropropagação (abreviatura de retropropagação de erros) pode ser utilizado. O algoritmo de aprendizagem é uma expressão mais geral que é normalmente utilizada como sinónimo de "processo de aprendizagem". A retropropagação do Perceptron é descrita nas seguintes etapas:

Passo 1: É utilizada uma função de perda para estimar a distância que nos separa da resposta pretendida. Para problemas de regressão, a função de perda é frequentemente o erro quadrático médio e, para problemas de classificação, a entropia cruzada. Um problema de regressão que utiliza a função de perda do erro quadrático médio, que é a diferença ao quadrado entre os valores previstos (yi) e os valores reais I, é apresentado aqui.

$$MSE_i = \left(y_i - \hat{y}_i\right)^2$$

A função de perda é calculada para todo o conjunto de dados de treino e a sua média é designada por função de custo C.

$$C - MSE - \frac{1}{n}\sum_{i=1}^{n}(y_i - \hat{y}_i)^2$$

Passo 2: Precisamos de saber como a função de custo varia em relação aos pesos e à polarização para identificar os pesos e a polarização ideais para o nosso Perceptron. Os gradientes (taxa de variação) são utilizados para mostrar como a variação de uma quantidade se compara à variação da outra. Usando os pesos e os vieses, precisamos de calcular o gradiente da função de custo.

Vamos usar a derivação parcial para descobrir o gradiente da função de custo C em relação ao peso wi. Utilizando a regra da cadeia em vez da função de custo, que depende do peso wi, podemos obter uma estimativa mais exacta do custo.

$$\frac{\partial C}{\partial w_i} = \frac{\partial C}{\partial \hat{y}} \times \frac{\partial \hat{y}}{\partial z} \times \frac{\partial z}{\partial w_i}$$

Agora precisamos de encontrar os três gradientes seguintes

$$\frac{\partial C}{\partial \hat{y}} = ? \qquad \frac{\partial \hat{y}}{\partial z} = ? \qquad \frac{\partial z}{\partial w_1} = ?$$

Comecemos pelo gradiente da função de custo (C) em relação ao valor previsto (y)

$$\frac{\partial C}{\partial \hat{y}} = \frac{\partial}{\partial \hat{y}}\frac{1}{n}\sum_{i=1}^{n}(y_i - \hat{y}_i)^2 = 2 \times \frac{1}{n}\sum_{i=1}^{n}(y_i - \hat{y}_i)$$

Sejam $Y = [y_i , Y_2 , \text{--.} \ y_n]$ e $y = [y_i , y_2 , \text{--.} \ y_n]$ os vectores de linhas dos valores reais e previstos. Assim, a equação acima é simplificada como

$$\frac{\partial C}{\partial \hat{y}} = \frac{2}{n} \times sum(y - \hat{y})$$

Agora vamos encontrar o gradiente do valor previsto em relação a z. Isto será um pouco demorado.

$$\frac{\partial \hat{y}}{\partial z} = \frac{\partial}{\partial z}\sigma(z)$$

$$= \frac{\partial}{\partial z}\left(\frac{1}{1+e^{-z}}\right)$$

$$= \frac{e^{-z}}{(1+e^{-z})^2}$$

$$= \frac{1}{(1+e^{-z})} \times \frac{e^{-z}}{(1+e^{-z})}$$

$$= \frac{1}{(1+e^{-z})} \times \left(1 - \frac{1}{(1+e^{-z})}\right)$$

$$= \sigma(z) \times (1 - \sigma(z))$$

O gradiente de z em relação à ponderação w_i é

$$\frac{\partial z}{\partial w_i} = \frac{\partial}{\partial w_i}(z)$$

$$= \frac{\partial}{\partial w_i}\sum_{i=1}^{n}(x_i.w_i + b)$$

Por conseguinte, obtemos,

$$\frac{\partial C}{\partial w_i} = \frac{2}{n} \times sum(y - \hat{y}) \times \sigma(z) \times (1 - \sigma(z)) \times x_i$$

Estimar a polarização

Teoricamente, considera-se que o desvio tem uma entrada de valor constante 1. Por conseguinte,

$$\frac{\partial C}{\partial b} = \frac{2}{n} \times sum(y - \hat{y}) \times \sigma(z) \times (1 - \sigma(z))$$

A seleção dos pesos e das polarizações ideais para o perceptron é um exemplo de otimização. Esta abordagem utiliza a descida gradiente para atualizar os pesos e as polarizações, com base no gradiente da função de custo em relação a cada peso ou polarização. Vamos utilizar este algoritmo. Um hiperparâmetro importante para gerir a quantidade pela qual os pesos e a tendência são alterados é a taxa de aprendizagem (). A retropropagação e a descida do gradiente são executadas até à convergência, com os pesos e os enviesamentos ajustados como mostrado.

$$w_i \;=\; w_i - \left(\alpha \times \frac{\partial C}{\partial w_i}\right)$$

$$b \;=\; b - \left(\alpha \times \frac{\partial C}{\partial b}\right)$$

Julgamento

O reconhecimento de padrões, a previsão, a identificação de sistemas e o controlo podem beneficiar da utilização de redes neuronais. As redes neuronais artificiais (RNA), o processamento distribuído paralelo (PDP), os modelos neuromórficos ou conexionistas e outras terminologias para modelos e metodologias semelhantes foram criados para recriar a forma como o cérebro humano processa a informação e adquire conhecimento. Muitas pessoas utilizam o termo "rede" para representar tudo, desde redes informáticas a comunicações, organizações e mercados. No início, a noção de rede neural artificial (RNA) foi desenvolvida como uma visão otimista da síntese da inteligência artificial (IA), imitando o cérebro humano. Para incluir ideias de inspiração neural em aplicações de inteligência artificial, as RNA constituem uma alternativa à programação de símbolos. A escolha dos melhores pesos e polarizações para o perceptron é um exemplo de otimização em ação, e pode ser vista aqui. O gradiente descendente é utilizado para atualizar os pesos e as tendências nesta estratégia. Os pesos e os enviesamentos são actualizados em função do gradiente da função de custo em relação a cada peso ou enviesamento, pelo que se utiliza a modelação matemática ANN Cérebro biónico (artificial) concebido para robótica humanoide aplicações.

CAPÍTULO 4

Modelação teórica

Mapeamento teórico e modelização do cérebro biónico

Modelo de análise do cérebro biónico (BBAM)

Trata-se de um modelo muito fundamental, ou seja, um modelo de análise de requisitos para a engenharia do cérebro biónico para aplicações de robótica humanoide, tal como representado na figura acima, que consiste em quatro fases de análise: "Requisitos de entrada, requisitos de controlo de entrada, requisitos de processo de entrada e requisitos de interação de saída". Na segunda fase, "Requisitos de controlo das entradas", a análise dos requisitos deve incidir sobre a medição e o mapeamento das entradas para desenvolver e estabelecer mensagens, comunicações e controlos entre cérebros biónicos. Na terceira fase, a análise dos "requisitos do processo de entrada", que é a parte mais importante a realizar para um processo e funcionamento eficazes e precisos do cérebro biónico e para gerar uma inteligência semelhante à humana com procedimentos i/p, ANN, GP, GA, sub-rotinas de rotinas, processos e funções i/p, etc. A última fase é "requisitos de interação de saída" para transições de saída, acionamento de funções e, mais importante, interação do cérebro biónico com o mundo exterior, com transdutores, motores, actuadores e análise de requisitos de funções precisos.

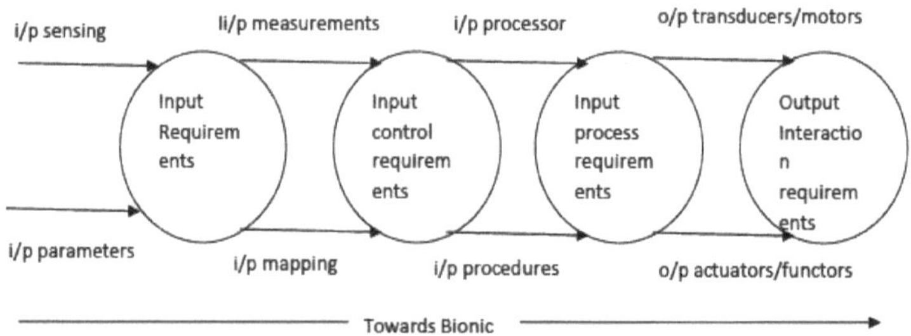

Fonte: Dr. Safina Shaikh

Modelo de conceção do cérebro biónico (BBDM)

Este modelo baseia-se em quatro segmentos principais relacionados com a conceção de um cérebro biónico para uma inteligência humanoide ou semelhante à humana, em que cada segmento principal dos quatro segmentos é fraccionado em três partes, sendo cada uma delas a principal consideração de conceção de cada segmento principal, designada por "fase um da engenharia, fase dois da engenharia e fase quatro da engenharia". Na primeira fase da engenharia, os principais aspectos da conceção do cérebro biónico são "ANN Mapping and ANN Designs", frequentemente designados por "Neural

Schemas". Na segunda fase de engenharia, todos os esquemas de redes neuronais artificiais (RNA) ou esquemas neuronais são convertidos em "algoritmos genéticos (AG)" com "mapeamento de AG e projectos de AG". Na terceira fase, todos os AG mapeados e projectados são convertidos em "Programação genética (PG)" com "Mapeamento e conceção de PG" para implementação final. Na quarta fase, todos os mapas e projectos de GP foram implementados com soluções de "camada de programa" como MATLAB, C, C++, python, etc. para "desenvolvimento de GP".

<table>
<tr><td colspan="2">ANN Mapping</td><td colspan="2">GA Mapping</td></tr>
<tr><td>ANN
Design</td><td>Phase ONE
Engineering</td><td>Phase TWO
Engineering</td><td>GA
Design</td></tr>
<tr><td>Selection
of
program
ming
language</td><td>Phase FOUR
Engineering</td><td>Phase THREE
Engineering</td><td>GP
Mapping</td></tr>
<tr><td colspan="2">GP Development</td><td colspan="2">GP Design</td></tr>
</table>

Fonte: Dr. Safina Shaikh

Mapeamento Super AI para o modelo de cérebro biónico (SAIMBBM)

Trata-se de outro modelo importante para a engenharia do cérebro biónico (artificial) denominado "Super-AI Mapping for Bionic Brain Model (SAIMBBM)". Este modelo tem quatro ramos principais: "Super-AI Design, Super-AI Mapping, Super-AI Testing e SuperAI Implementation". Cada ramo tem três factores importantes nas respectivas fases, como no Super-AI Design; os elementos essenciais do design são ANN-Designs, GA-Designs e GP-strategies designs. Do mesmo modo, na fase de mapeamento da super-IA, os três factores de engenharia são o desenvolvimento do programa (GP), o teste dos programas e a validação do programa para criar uma super-IA forte e precisa. Na terceira fase, ou seja, no teste da Super-IA, não se considera o programa, mas a Super-IA mapeada com base em considerações de segurança social e humana, como as emoções na BB, as restrições éticas na BB e o controlo total em situações de emergência e de violência robótica. A quarta fase final, depois de passadas as três fases consecutivas, é a "Implementação da Super-AI ", em que a Super-AI, os processos, os controlos e os resultados (acções) são finalmente verificados de acordo com as normas sociais e éticas da Engenharia Robótica e do Cérebro Biónico.

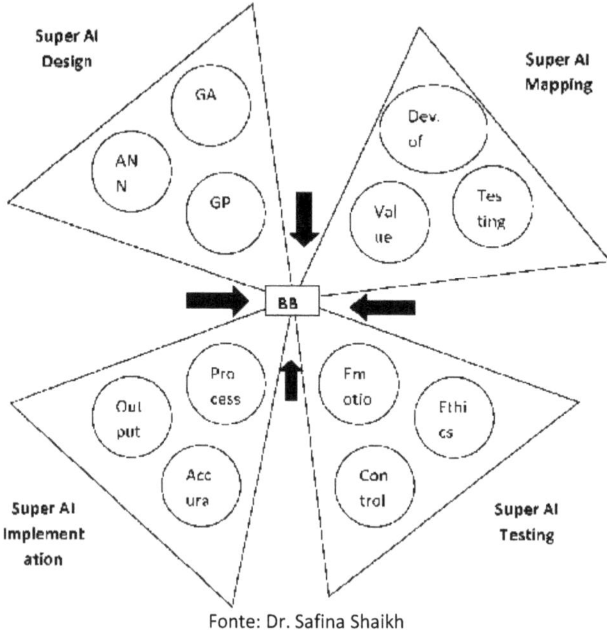

Fonte: Dr. Safina Shaikh

Modelo de conceção da função central do cérebro biónico (BBCFDM)

Este modelo concentra todas as funções essenciais do cérebro biónico com elevada segurança, pelo que é designado por "Bionic Brain Core Function Design Model (BBCFDM)". Este modelo tem "quatro funções essenciais" de modelação do cérebro biónico, a saber, "programação da auto-atualização, programação do controlo das emoções, programação do controlo social, ético e da violência e programação das decisões e do controlo do próprio".Todas estas funções nucleares estão interligadas com dados e informações "i/p e o/p data-links" com rotinas, chamadas e sub-rotinas I/p bidireccionais e módulos nucleares completos, protegidos por "fire walls" de alta segurança. A programação de auto-atualização é a parte "Machine Learning (ML)", em que este cérebro biónico foi concebido com a capacidade de pensar por si próprio e de se tornar cada vez mais inteligente com a aprendizagem ambiental e os ganhos de experiência. A segunda função central centra-se na forma de conceber emoções semelhantes às humanas, com controlo total das emoções, para evitar que os seres humanos sofram qualquer tipo de dano e violência por parte da robótica. A função central seguinte é a mais importante, ou seja, "Programação ética, social e de controlo da violência robótica", para evitar situações de multifunções humanas e sociais, inimigos robóticos e domínio dos robôs sobre a humanidade. A última é a "Programação da autodecisão e do controlo" com situação de violência "autodestruição". A conceção e a produção de robôs humanóides com cérebro biónico permitem a auto-execução de qualquer tarefa sem qualquer intervenção ou comando humano.

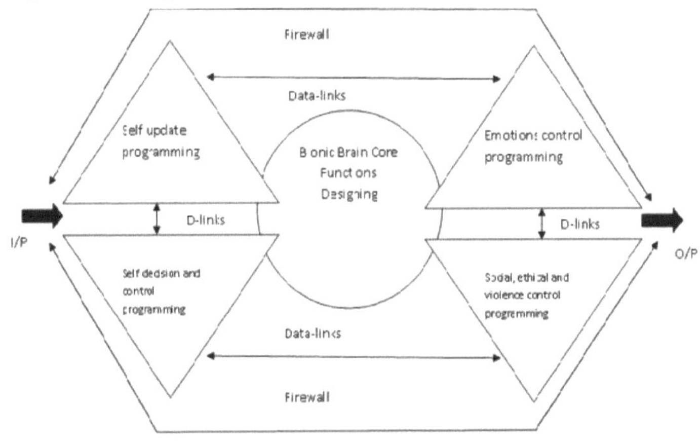

Source: Dr. Safina Shaikh

Modelo de interação biónico cérebro-humanoide (BBHIM)

Este é o último modelo que desenvolvi, designado por "Bionic Brain Humanoid Interaction Model (BBHIM)". Esta engenharia biónica é muito importante para a interação social de robôs humanóides com PNL e comportamento como o "ASIMO" da Honda. Neste modelo de engenharia de fluxo, duas entradas importantes e concebidas com precisão, "esquemas neurais" e "programa genético", são dadas ao "processo biónico e à unidade de controlo" para amadurecer o processo de inteligência e a tomada de decisões, que são geradas sob a forma de "saída de IA forte/super" e "controlos de IA forte/super", que são posteriormente carregados para "H/W humanoide com sensores, motores, altifalantes, transdutores, actuadores e functores" para gerar a "resposta humanoide" final do cérebro biónico para interagir com o mundo exterior para tarefas com sistema de feedback.

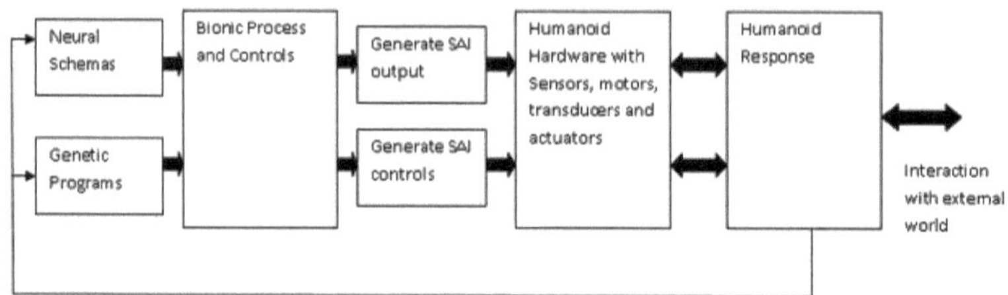

Fonte: Dr. Safina Shaikh

Diagrama de camadas da robótica humanoide

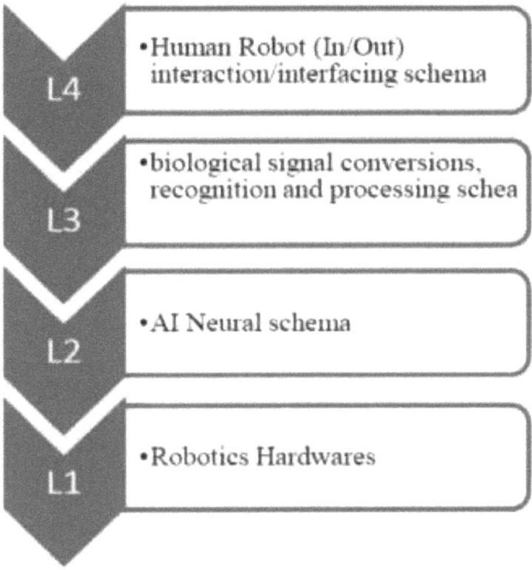

Este é o segundo modelo explorado por mim e intitulado "Diagrama em camadas da robótica humanoide". Neste modelo, a maior ênfase não é colocada no hardware (CORPO), mas

Software (SOUL) e segmentado em quatro camadas L1, L2, L3 e L4 com "Hardware robótico, esquemas de IA, esquemas de conversão, síntese, reconhecimento e processamento de sinais biológicos e esquemas de interação/interface Homem-Robô (IN/OUT), respetivamente. A intenção básica para produzir este modelo é a de tomar consciência do facto de a intelectualidade ser necessária no desenvolvimento de software humanoide, que é um tópico 100 vezes mais difícil do que o desenvolvimento de software para utilizadores gerais ou de software de IA fraca. Este modelo destaca a forma como se pode desenvolver uma IA forte para a Robótica Humanoide. Estamos muito conscientes do Hardware Robótico, ou seja, da camada L1, por isso saltei-a e comecei a processá-la a partir da camada L2, ou seja, os Esquemas Neurais A-I, que são programas de IA ultra-forte ou um conjunto de programas para copiar o processamento semelhante ao humano, desde a Máquina de Giro até à data. Estes esquemas são lógicas sofisticadas e concebidas para o pensamento humano, a síntese e o reconhecimento da fala, o processamento de padrões/imagens (visão artificial), os movimentos angulares precisos, os sentimentos, a expressão facial, as emoções, o amor, a inteligência, a tomada de decisões de auto-aprendizagem, etc. Mas para enviar dados/informações para estes esquemas, a camada L3 desempenha um papel muito importante, ou seja, "Conversões, reconhecimentos e esquemas de processamento de sinais biológicos", estes esquemas convertem, identificam e processam voz humana humanoide, imagem/faces, tato, cheiro, texto e outras coisas semelhantes, mas, mais uma vez, para aceitar tudo isto em formatos de dados electrónicos a partir de formatos humanos físicos e naturais, a camada L1 é muito importante, ou seja, "Humano-Humanoide".Estas três camadas importantes podem ser concebidas como esquemas individuais ou esquemas integrados.

Modelo de conceção de sistemas de informação (ISDM)

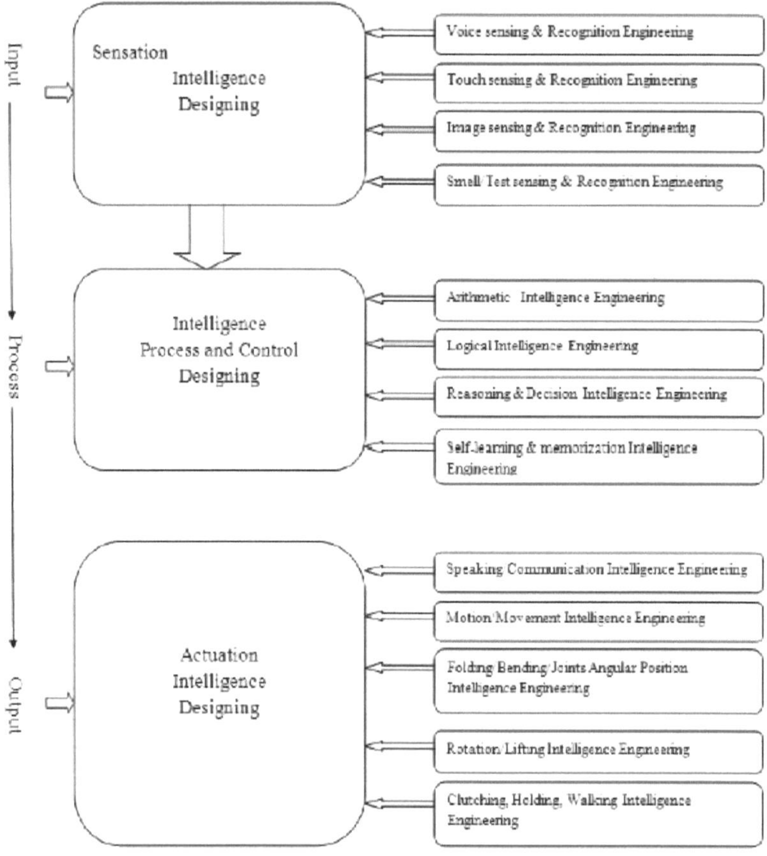

Este é o terceiro modelo importante baseado nas minhas descobertas de investigação em humanóides. Chamei a este modelo "Intelligence System Designing Model (ISDM)". O próprio nome sugere que este modelo foi desenvolvido com a intenção de fornecer conhecimentos sobre a conceção e o desenvolvimento de sistemas de inteligência. Se considerarmos a engenharia e o modelo de um sistema, este tem três domínios principais para a conceção, ou seja, "processos de entrada e saída", como mostra o modelo. Na engenharia da inteligência de entrada para o Humanoid, a ênfase principal é colocada na "Conceção da Inteligência das Sensações", como a engenharia de deteção e reconhecimento da voz, a engenharia de deteção e reconhecimento do toque, a engenharia de deteção e reconhecimento da imagem e a engenharia de deteção e reconhecimento do cheiro e do teste, que são, elas próprias, temas muito vastos de investigação e engenharia no domínio da Robótica Humanoid e são muito essenciais. A próxima questão mais importante e séria da engenharia é a conceção de "Processos e Controlos de Inteligência", ou seja, esquemas e implementação de IA Neural forte, o "Cérebro Biónico (Bioelectrónica)" mais favorável, sobre o qual já discuti e escrevi. Este é um domínio de engenharia muito desafiante na Robótica Humanoide e o exemplo é o "ASIMO" fabricado pela HONDA, um dos HUMANOID de sucesso. As áreas de engenharia são numerosas, mas vou enumerar algumas importantes, como "Engenharia da inteligência aritmética, Engenharia da inteligência lógica, Engenharia da inteligência do raciocínio e da tomada de decisões, Engenharia da inteligência da emoção, dos sentimentos e da expressão, bem como Engenharia da inteligência da auto-aprendizagem e da memorização". A última fase do desenvolvimento deste sistema é a Engenharia da inteligência da atuação, que é um algoritmo realmente desafiante e muito interessante. Esta fase é também designada por engenharia do sistema de saída do Humanoid, que segue um campo importante: "engenharia da inteligência da fala/comunicação, engenharia da inteligência do movimento/movimento, engenharia da dobragem/ligação/movimento conjunto/controlo e engenharia da inteligência da embraiagem, escalada e marcha". O primeiro dos domínios pode ser aumentado em função do dinamismo do humanoide, mas não o será menos.

Modelo de domínio da informação (IDM)

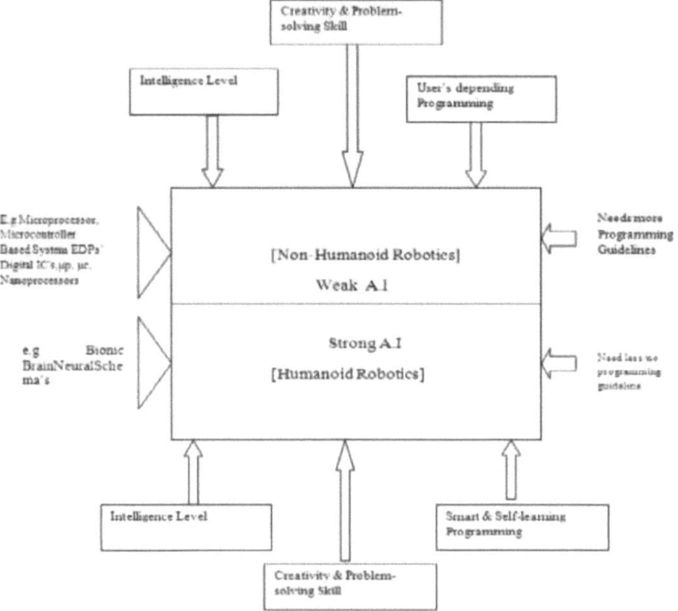

Fig 4: Intelligence Domain Model (IDM) (Source: Prof. Md. SadiqueShaikh)

Na continuação de todos os modelos anteriormente desenvolvidos, gostaria agora de clarificar o conceito de domínio da inteligência e, de acordo com ele, o tipo de inteligência e a forma como a podemos categorizar. Para responder a todas estas questões, desenvolvi o "Modelo do Domínio da Inteligência (IDM)". Recebi estudos e conformes de várias fontes bibliográficas, a Inteligência Artificial (IA) foi classificada em dois tipos: "IA fraca e IA forte", em que a IA fraca é muito pobre (baixa) em inteligência, capacidade de criação e de resolução de problemas, bem como programação completamente dependente do utilizador (programadores), ou seja, a autonomia é muito baixa, pelo que necessita de mais diretrizes de programação. Alguns exemplos de implementação de I.A. fraca são sistemas baseados em microprocessadores/microcontroladores, aparelhos electrónicos inteligentes, brinquedos, telemóveis inteligentes, aparelhos de cozinha, electrodomésticos como leitores de CD, televisores, leitores de DVD, fornos de micro-ondas, máquinas de lavar roupa, frigoríficos, automóveis, bicicletas e todos os dispositivos electrónicos baseados na lógica e no controlo, instrumentos, aerodinâmica de automóveis, etc. Assim, em suma, a I.A. fraca só é adequada para a robótica não humanoide ou para a automação/robótica industrial ou para

66

os aparelhos electrónicos inteligentes dos consumidores, gadgets, etc. Aqui a inteligência existe, mas não é adequada para o humanoide, porque a IA fraca é apenas a engenharia de algumas funções e processos do cérebro natural, mas não o cérebro humano completo, ou seja, a inteligência natural copiada numa bolacha de silício, ou seja, um processador eletrónico de dados (EDP) com algumas funções do cérebro. Mas, para a robótica humanoide, a inteligência natural completa (ou seja, o cérebro biológico) precisa de ser concebida artificialmente (ou seja, biónica ou bio-eletrónica) ou de uma inteligência artificial que desempenhe funções semelhantes às do cérebro humano pelo ser humano. Daí que a implementação de uma I.A. forte seja a única solução à nossa frente. A I.A. forte é a mais adequada para a Robótica Humanoide porque o nível de inteligência na criação e a capacidade de resolução de problemas são elevados, a capacidade de programas inteligentes e de auto-aprendizagem também é elevada, pelo que necessita de menos diretrizes de programação e de A autonomia é elevada, por exemplo, esquemas neuronais, cérebro biónico, redes neuronais e algoritmos genéticos, processamento da linguagem natural e algoritmo genético, para obter um conhecimento aprofundado.

Modelo de encaminhamento AI (AIRM)

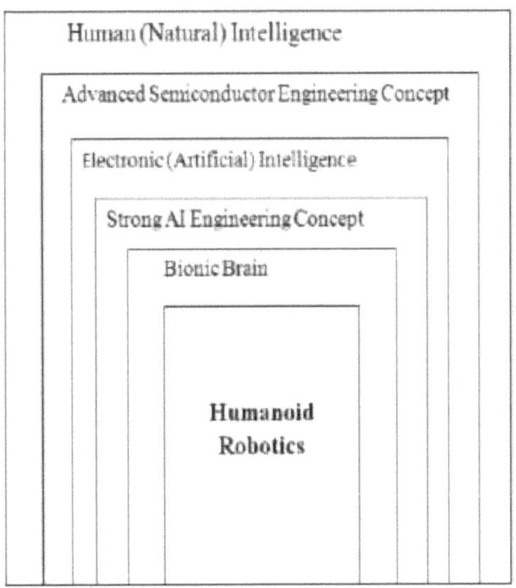

Este modelo não pretende dar-vos conhecimento sobre a forma como a engenharia da robótica humanoide é realizada, mas, em vez disso, este modelo ajuda-vos a iniciar a investigação em engenharia humanoide e quais os canais disponíveis e como se posicionarem para uma investigação concisa, pelo que denominei este modelo como "A.I Routing model (AIRM)", este modelo finalizou o canal de investigação no domínio da robótica humanoide

A robótica levou a engenharia na direção correta. Para iniciar a investigação no domínio dos humanóides, é necessário, em primeiro lugar, estudar a inteligência humana (natural), as funções e os processos do cérebro humano e a neurociência biológica, ou seja, a forma como o cérebro aceita os dados, processa e controla a informação através dos neurónios e das redes neuronais. Isso pode ser possível com a ajuda de psicólogos, neurocientistas, etc. Em seguida, o próximo passo é saber como conceber circuitos electrónicos lógicos digitais/ópticos/quânticos avançados utilizando tecnologias de semicondutores, ferramentas avançadas como ULSI e nanocircuitos , etc., e, finalmente, como conceber e montar" Inteligência Artificial (ou seja, cópia da Inteligência Natural (Cérebro Humano)) que é feita por DEUS numa bolacha de silício feita pelo Homem, a chamada I.A., utilizando circuitos electrónicos lógicos digitais, circuitos quânticos/ópticos e programas para os mesmos. Após os testes unitários bem sucedidos, temos de pensar como poderemos criar uma "I.A. forte" com a integração e engenharia de todas estas unidades/partes/bloco/módulos de programas de inteligência avançada, etc.. Isto representa uma capacidade de processamento semelhante à do cérebro através da máquina. Quando criamos uma tal cadeia de IA utilizando esquemas e redes neuronais, podemos ainda combinar/desenvolver em cascata todos os módulos de inteligência multifuncional de IA forte do tipo cérebro humano para criar um cérebro "bio-eletrónico (biónico)", ou seja, um cérebro artificial feito pelo Homem que funciona de forma semelhante ao cérebro humano natural criado por Deus para caber num humanoide.

Depois de ter efectuado a minha investigação, cheguei também a algumas recomendações que são campos possíveis e têm espaço de grande alcance de investigação e muita modelação matemática e teórica e mapeamento possível com boas condutas de investigação, como recomendado abaixo.

Recomendação sobre os fundamentos da IA

A IA herdou uma variedade de conceitos, pontos de vista e práticas de muitas outras disciplinas (Russell e Norvig, 2019). As teorias da aprendizagem e do raciocínio surgiram da filosofia, juntamente com a noção de que o funcionamento dos sistemas físicos constitui o funcionamento da mente. O domínio da matemática deu origem à teoria da computação, à teoria da decisão, ao raciocínio lógico e à probabilidade. A psicologia apresentou modos de investigação para estudar a mente humana e expressar sistematicamente os conceitos subsequentes. A linguística forneceu os modelos sobre a estrutura e o significado das línguas naturais. Acima de tudo, a informática forneceu as técnicas de programação para tornar a IA uma certeza. Do mesmo modo, várias disciplinas deram contributos intelectuais para as teorias fundamentais e para o desenvolvimento da IA.

LÓGICA E RACIOCÍNIO

A lógica define o conhecimento que a entidade inteligente deve possuir sobre o ambiente, os factos e as provas sobre o cenário em que a entidade de IA deve perceber e agir, e os seus objectivos denotados por determinados termos matemáticos. O programa inteligente decide as acções adequadas a realizar para atingir os seus objectivos. A lógica ajuda a representar factos do mundo e, a partir dos factos, podem deduzir-se outros factos e fazer-se algumas inferências. A lógica é um dos aspectos fundamentais do pensamento crítico e da tomada de decisões. A analogia e a criatividade são as outras competências altamente necessárias na IA, que ajudam a deduzir a lógica e a tomar as decisões corretas.

RECONHECIMENTO DE PADRÕES

Qualquer sistema inteligente é geralmente treinado para observar e comparar padrões relacionados para efetuar observações e interpretações. Por exemplo, um programa de visão inteligente para identificar um rosto humano tentará fazer corresponder o rosto a caraterísticas faciais como os olhos, o nariz e a boca, que formam um padrão regular. Padrões mais complexos, como textos em linguagem natural, posições de xadrez e pinturas, exigem métodos altamente precisos e melhorados do que a simples correspondência de padrões, o que deu origem a vários estudos sobre IA.

CIÊNCIA COGNITIVA

A ciência cognitiva pode ser bem definida como o estudo multidisciplinar da mente e da inteligência, juntamente com a neurociência, a psicologia e a filosofia. A conceção e construção de modelos e a realização de experiências através de técnicas computacionais são a principal estratégia da IA. No domínio das ciências cognitivas, as experiências psicológicas e os protótipos computacionais estão idealmente em sintonia. Um número muito maior de trabalhos de investigação em IA está também a investigar a representação do conhecimento, os sistemas cognitivos e a psicologia.

HEURÍSTICA

Uma heurística é uma regra de ouro, um método experimental para descobrir uma ideia que está incorporada no código. Os métodos heurísticos são amplamente utilizados na Inteligência Artificial para a descoberta de factos e a tomada de decisões. Estas funções são também utilizadas em vários estilos para encontrar possíveis soluções num espaço de pesquisa, por exemplo, encontrar a distância do nó de destino aos nós de origem num determinado espaço de pesquisa. As funções heurísticas podem fazer comparações entre as soluções viáveis e encontrar a melhor solução óptima na resolução de problemas. A capacidade de explorar e explorar combinações exponenciais de soluções possíveis é da maior importância para uma entidade ou programa de IA, tal como as jogadas num jogo de xadrez. São continuamente realizados trabalhos de investigação para determinar a eficiência desta pesquisa em vários domínios.

FILOSOFIA

A IA pode ser associada à filosofia de muitas formas, nomeadamente porque ambas as disciplinas estudam a mente e o senso comum. A mente tem uma base sólida de processamento e realização intelectual, que é inerente ao mundo real, para além da compreensão racional. A filosofia instituiu uma prática habitual em que a mente humana é vista como uma máquina predominantemente operada pelas capacidades racionais e cognitivas que possui (McCarthy, 2006). Também explica as teorias para estabelecer a fonte do conhecimento. A conceção filosófica de Carl Hempel e Rudolf Carnap tentou analisar o processo de aquisição de conhecimentos através da aprendizagem experimental. Além disso, a associação entre conhecimento e ação é regida pela mente e as modalidades de associações específicas e as justificações para as acções são a investigação mais necessária em IA. Os processos de pensamento, a aquisição de conhecimentos e uma sequência de acções razoáveis desempenham um papel importante na modelação de um agente inteligente que se comporta de forma racional.

MATEMÁTICA

A validação matemática nos domínios da computação, da lógica, do algoritmo e da probabilidade é muito necessária para formular as teorias da IA. No século IX, o matemático Al-Khowarazmi introduziu a álgebra, os algarismos árabes e os algoritmos formais para a computação. Em 1847, Boole introduziu uma linguagem formal para efetuar uma inferência lógica. A IA tem a responsabilidade de explorar as capacidades e os limites da lógica e da computação. Para além da lógica e da computação, a teoria da probabilidade de Bayes e a análise bayesiana serviram de base às abordagens de raciocínio incerto nos sistemas de IA. Existem certas funções que não podem ser calculadas nem representadas por algoritmos formais. Alan Turing também afirmou que existem algumas funções que não podem ser calculadas por uma máquina de Turing. Existe uma classe de problemas, designada por intratável, que diz que quando a dimensão das instâncias do problema aumenta, haverá um aumento exponencial do tempo necessário para resolver os problemas em função da dimensão da instância. A resolução de problemas através da IA deve ter em atenção a subdivisão desses problemas em pequenos subproblemas e a sua resolução num tempo razoável através de um comportamento inteligente. A teoria da decisão, estabelecida por John Von Neumann e Oskar Morgenstern em 1944, forneceu a base teórica para a maioria dos protótipos de agentes inteligentes.

PSICOLOGIA

William James, no século XVIII, considera que o cérebro desempenha um papel preponderante na aquisição, retenção e processamento da informação, o que atribui à psicologia cognitiva. Craik afirmou que *"se o organismo tiver na sua cabeça um 'modelo em pequena escala' da realidade externa e das suas próprias acções possíveis, é capaz de experimentar várias alternativas, concluir qual delas é a melhor, reagir a situações futuras antes de elas surgirem, utilizar o conhecimento de acontecimentos passados para lidar com o presente e o futuro e, de todas as formas, reagir de uma maneira muito mais completa, segura e competente às emergências com que se depara"*. Especificou também os três aspectos fundamentais de um agente inteligente da seguinte forma: i. Cada *estímulo* deve estar ligado a uma forma específica de representação, ii. A *representação* ligada deve ser trabalhada pelos processos cognitivos para desenvolver mais representações, e iii. O conjunto de representações é manipulado de volta para um conjunto de *acções* associadas. Os conhecimentos sobre o processamento da informação começaram a reger o domínio da psicologia a partir de 1960. Mais tarde, os psicólogos acreditaram que *"as teorias cognitivas e os programas de computador funcionam da mesma forma"*, o que significa que a cognição consiste num processo de transformação bem definido que opera através da informação transportada pela entrada. De acordo com a história inicial da IA e da ciência cognitiva, os investigadores trataram a Inteligência Artificial e a psicologia como a mesma disciplina e era bastante comum ver o comportamento dos programas de IA como resultados psicológicos. No entanto, as disparidades na metodologia da IA e da psicologia tornaram-se evidentes mais tarde, tendo sido identificadas diferenças claras entre elas, embora partilhem e contribuam muito para o desenvolvimento uma da outra. **LINGUÍSTICA**

A linguística é designada como a forma científica e sistemática de estudar as línguas, fazer observações, testar hipóteses e tomar decisões. Noam Chomsky, no seu livro sobre *Estruturas Sintácticas,* discutiu a criatividade na linguagem e mostrou como as crianças pequenas compreendem e formam uma sequência de palavras com as quais nunca estiveram familiarizadas. A teoria de Chomsky baseava-se nos modelos sintácticos e sugeriu também várias entidades programáveis. Desenvolvimentos posteriores na linguística puseram em evidência mais complexidades e ambiguidades nos estudos linguísticos. A linguística não fala apenas da estrutura das frases, mas também da compreensão do assunto e do contexto, que tem mais a explorar no que respeita à IA e à representação do conhecimento. A ontologia é o campo que estuda as categorias de objectos existenciais. Os programas de computador lidam sobretudo com muitos tipos de objectos e as suas propriedades básicas em IA. Muitos dos primeiros trabalhos em IA centraram-se na compreensão da linguagem para a tomada de decisões, o que criou naturalmente uma ligação entre a IA e a linguística. Estes dois domínios deram origem a outras áreas híbridas de investigação, como a linguística computacional e o processamento de linguagem natural.

O ambiente biónico e de IA para mapeamento e modelação matemática e teórica

O ambiente da inteligência artificial é constituído por cinco componentes principais, como a máquina, a inteligência humana, os algoritmos de aprendizagem automática (ML), a Internet das coisas e a Internet dos computadores.

Coisas (IoT), Internet de Todas as Coisas (IOE) e Ciência e Engenharia de Dados, como mostra a figura abaixo. *A máquina* é um componente básico e implícito tanto no ambiente não baseado em IA como no ambiente baseado em IA e biónica. *A inteligência* é uma caraterística interessante de um ser humano que o distingue dos animais e mesmo de outro ser humano. A identificação da melhor inteligência dos cérebros humanos para encontrar uma solução para o problema desempenha um papel importante no ambiente da IA. Esta inteligência será incorporada na máquina para que esta actue como uma máquina inteligente, transportando a inteligência humana, sob a forma de uma lista de instruções também designada por programa ou codificação. *A aprendizagem* automática é uma das plataformas eficientes utilizadas pela maioria dos criadores de IA ou programadores de IA para produzir codificação inteligente. Os algoritmos de aprendizagem automática desempenham um papel importante, pois permitem a auto-aprendizagem na entidade de IA a partir do ambiente e da própria experiência. Estes algoritmos são de grande ajuda na previsão de eventos com base nos dados disponíveis e, por conseguinte, na previsão de tendências futuras. *A Internet de Tudo* e a *Internet das Coisas* têm uma relação muito estreita com o ambiente da IA, uma vez que a maior parte da tomada de decisões dependerá dos dados em tempo real produzidos pela tecnologia de sensores. Um programa inteligente desenvolvido pelo ser humano sob a forma de codificação utilizará os dados adquiridos através de vários sensores ligados ao ambiente de IA. Estes dados ajudarão a máquina a atuar de forma inteligente para que o ambiente de trabalho se torne mais inteligente. *A ciência e engenharia de dados* é outra componente importante do ambiente de IA. A análise de dados desempenha um papel importante na maioria das aplicações em tempo real, uma vez que qualquer tomada de decisão efectuada pela máquina através da programação depende essencialmente de uma análise eficiente dos dados. A integração destes componentes, mas não só, criará um ambiente de IA eficaz

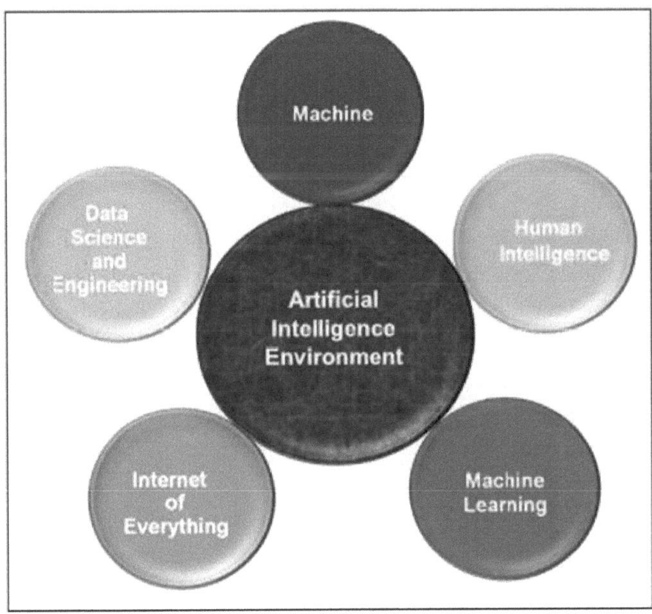

Conclusão

Dividi a minha investigação sobre o mapeamento do cérebro biónico (artificial) para aplicações de robótica humanoide em dois domínios: o primeiro é "Modelação matemática utilizando RNA, AG e GP" e o segundo "Modelação teórica do cérebro biónico" com o modelo "Bionic Brain Analysis Model (BBAM), Bionic Brain Designing Model (BBDM), Super AI Mapping for Bionic Brain Model (SAIMBBM), Bionic Brain Core Functions Design Model (BBCFDM), Bionic Brain Humanoid Interaction Model (BBMIM) e 4 outros modelos", discutidos em pormenor na secção de resultados e discussão, são resultados da minha investigação.

Tentamos desenvolver abstracções matemáticas de sistemas neurais naturais. O método desenvolvido baseia-se em algoritmos de regressão simbólica em programação genética e conclui que os "esquemas neurais" baseados em RNA são séries de equações matemáticas, representadas como uma árvore de equações. Existe uma equação para cada saída do controlador, e as equações podem ser compostas por quatro operadores matemáticos básicos (adição, subtração, multiplicação e divisão), bem como por variáveis e constantes de entrada e saída.

Uma componente crucial de qualquer IA é a sua representação in silico. Se os programadores de computador concebessem e construíssem uma IA à mão, esta poderia ser representada diretamente como um programa de computador, escrito numa das muitas linguagens de programação disponíveis. As IAs representadas desta forma também podem ser criadas autonomamente através da genética. Outra representação potencial de uma IA é um autómato celular, uma rede espacial de "células" que mudam de estado em função do seu estado atual e dos estados das suas vizinhas. Os autómatos celulares são capazes de computação e podem ser treinados como classificadores binários utilizando a evolução artificial. As IA de classificadores mais complexos podem ser representadas e treinadas como distribuições de probabilidade. No entanto, um dos tipos mais comuns de representação de IA é a Rede Neuronal Artificial (RNA), que é um modelo computacional baseado nas redes neuronais biológicas dos cérebros dos animais. Existe uma grande variedade de métodos para treinar uma RNA utilizando conjuntos de dados e/ou técnicas de evolução artificial, como a robótica evolutiva.

Quando se pretende conceber autonomamente uma IA capaz de um comportamento robusto e adaptável, é necessário começar por escolher entre uma variedade de RNAs de inspiração biológica. Embora certas RNAs, como as Redes Neuronais Recorrentes de Tempo Contínuo, possam teoricamente aproximar qualquer dinâmica, na prática pode ser difícil desenvolver comportamentos artificialmente complexos utilizando estas estruturas. Grande parte da investigação em Robótica Evolutiva centra-se em melhorar a capacidade de evolução e as capacidades das RNAs em evolução, inspirando-se na biologia e na neurociência. O problema com esta abordagem, contudo, é que ainda não temos uma compreensão científica sólida do funcionamento interno das redes neurais biológicas. Além disso, com uma maior biofidelidade vem uma maior complexidade, o que aumenta os já elevados custos computacionais dos algoritmos de ER, ao mesmo tempo que ofusca ainda mais a

funcionamento interno dos agentes evoluídos. Assim, procuramos evitar completamente os modelos de redes neuronais, representando e evoluindo as IA como abstracções de redes neuronais. Apresentamos os Modelos Matemáticos Evolutivos (EMMs), um novo paradigma de IA que utiliza a evolução artificial para criar autonomamente equações de estado que mapeiam os inputs de um agente para os seus outputs. O domínio da robótica evolutiva estuda métodos para gerar automaticamente cérebros artificiais e/ou morfologias de robôs autónomos através da evolução artificial. Estes cérebros artificiais são os controladores dos robôs autónomos e são normalmente representados como Redes Neuronais Artificiais (RNA), uma classe de programas de computador inspirados nas redes neuronais dos cérebros biológicos. Na sua forma mais simples, uma RNA é composta por um conjunto de nós idênticos, ou "neurónios", em que cada um executa o mesmo cálculo nas suas entradas numéricas, produzindo uma saída numérica. Estes nós estão ligados através de arestas direcionais ponderadas. O comportamento de uma RNA é totalmente descrito pelo cálculo efectuado pelos seus nós, pela forma como estes nós estão interligados e pelos pesos destas ligações. Os dados chegam aos nós de entrada, são propagados através da rede e, finalmente, chegam aos nós de saída, cujos valores numéricos são interpretados como comportamentos.

Com base em modelação teórica, são concebidos 9 modelos de humanóides biónicos para o cérebro. Quando é que estes humanóides do futuro se tornarão viáveis e quem os implementará dá resultados e resultados significativos. Em conclusão, o caminho que conduziu ao pensamento moderno da inteligência artificial (IA) e, subsequentemente, à sua implementação foi longo e variado. Atravessando séculos de trabalho entrelaçado de algumas das maiores mentes. O seu desenvolvimento recente, desde a década de 1950, suportou períodos de invernos e booms para se tornar o elemento básico omnipresente da nossa vida empresarial e pessoal moderna. Atualmente, a aprendizagem automática (ML) e a aprendizagem profunda (DL) constituem a base das nossas aplicações de IA. Redes neurais profundas e intrincadas analisam quantidades enormes de dados todos os dias, trabalhando 24 horas por dia, para nos ajudar a tomar decisões mais rápidas e precisas, seja no sector bancário, comercial, dos transportes ou da medicina. Estes sistemas tornaram-se melhores do que nós em domínios como o processamento de imagens. O que permite aos sistemas de IA, como o IBM Watson, detetar certos tipos de cancro mais rapidamente e com mais precisão do que nós? Além disso, devido à sua natureza, estes sistemas não são propensos a erros cognitivos ou de fadiga, o que os torna candidatos ideais para a realização de tarefas de negociação, pedidos de empréstimo e uma variedade de outras tarefas. Uma dessas tarefas é a condução. Os veículos autónomos já atingiram a fase de nível 4, em que são capazes de manobrar em segurança através do tráfego por si próprios; no entanto, o sistema legislativo está ultrapassado, pelo que, apesar das capacidades tecnológicas, os veículos autónomos ainda não podem ser implementados sem acompanhantes humanos. Este é o obstáculo que tende a bloquear a futura aplicação prática da IA em diferentes sectores. As questões de responsabilidade são uma grande preocupação, uma vez que os veículos autónomos não podem ser punidos se causarem um acidente, uma pessoa terá de ser multada ou condenada, mas que pessoa, o condutor, o produtor ou o programador? É devido a esta área moral cinzenta que a IA autónoma está a avançar lentamente no que diz respeito à interação com o mundo real. Felizmente, porém, as empresas podem optar por implementar essa IA autónoma nas suas instalações e nas suas operações se estiverem dispostas a assumir a responsabilidade. Por conseguinte, as empresas modernas com experiência em tecnologia, como a Amazon, a Tesla e a Google, para citar algumas, já dispõem de uma série de sistemas autónomos que vão desde os robôs de armazém, passando pelos sistemas de apoio à condução com IA, até aos veículos autónomos, respetivamente. A legislação está sujeita a alterações e a tecnologia está sujeita a progressos. No entanto, à medida que a tecnologia progride e que formas mais avançadas de IA se tornam uma realidade, a humanidade será confrontada com algumas questões difíceis que terão impacto no futuro das nossas vidas pessoais e profissionais.

A Rede Neuronal Artificial (RNA) é utilizada para modelar relações complexas entre a entrada e a saída, encontrando padrões nos dados. É desenvolvida em três fases que consistem em modelação, formação e teste. A preparação dos dados e a adaptação das leis de aprendizagem são efectuadas na fase de treino, enquanto a precisão e a avaliação do desempenho são efectuadas na fase de teste. Na última década, as RNA foram utilizadas numa série de estudos.

O Algoritmo Genético (AG) é uma abordagem evolutiva inspirada na teoria de Darwin. Aplica operações genéticas de mutação e cruzamento para encontrar a melhor solução. O processo ocorre em fases de populações que evoluem utilizando as regras do domínio do problema. As populações subsequentes integrarão os conhecimentos das populações anteriores para se adaptarem melhor ao ambiente.

A aplicação do AG na previsão de acidentes de viação é descrita no seguinte artigo produzido por dois académicos proeminentes. O seu trabalho baseia-se na utilização de um algoritmo genético multi-objetivo (MGOA) personalizado, ou seja, o algoritmo genético de ordenação não dominada (NSGA-II). Foram seguidas cinco etapas cruciais no método proposto, começando pelo pré-processamento, capturando as preferências, criando conjuntos de treino e de teste, aplicando o NSGA-II e avaliando as regras. Além disso, foram captadas as preferências humanas dos utilizadores, incluindo o peso da compreensibilidade e as caraterísticas das instâncias de acidentes rodoviários que eram interessantes para os utilizadores. O método final proposto foi utilizado para avaliar 14 211 acidentes em estradas rurais e urbanas de Teerão durante o período de cinco anos (2008-2013), embora após a fase de teste o número tenha diminuído para 12 625 devido a instâncias de ruído estatístico. Como mencionado anteriormente, o AG utiliza gerações de populações, cada uma maior do que a anterior devido ao processo evolutivo. Para treinar o programa, os criadores tiveram de criar várias condições pré-determinadas de modo a orientar a IA com sucesso, o que conseguiram fazer. Os resultados finais mostraram um aumento de 4,5% na métrica de exactidão59.

A Programação Genética (PG) cria geneticamente programas de computador para resolver problemas, o que significa que tem um desempenho semelhante ao da AG, mas as soluções são apresentadas numa estrutura semelhante a uma árvore. Tem duas grandes vantagens em relação à AG, principalmente a capacidade de gerar melhores soluções sem uma perspetiva subjacente e a eliminação do efeito de caixa negra.

Assim, o cérebro biónico também é útil neste tipo de investigação, tendo sido utilizada a programação genética por académicos mexicanos que desenvolveram um sistema que recolhia dados sobre a condução a partir dos telemóveis dos condutores. Os sensores e sistemas dos dispositivos móveis modernos são uma óptima base para este tipo de investigação. Para validar a exatidão do seu modelo, os observadores humanos tiveram de avaliar o desempenho da condução numa escala de 1 (muito inseguro) a 10 (muito seguro). Os testes seguintes foram efectuados numa escala de 1 a 4, de modo a obter um conjunto de dados fino e grosseiro. A GP era muito adequada para esta investigação, uma vez que utiliza uma pesquisa evolutiva para derivar pequenos programas e modelos. Também é utilizada para resolver uma variedade de tarefas de aprendizagem automática, sendo a mais comum o modelo de regressão simbólica (MRE). O MRE representa a relação entre as variáveis de entrada e a variável de saída dependente. Para complementar a PG, foi utilizada uma combinação do algoritmo NeuroEvaluation of Argumentation Topologies (NEAT) e da PG para criar o modelo neatGP. Este modelo preservou uma população diversificada de indivíduos, utilizando técnicas de especiação e partilha de aptidão padrão. Por fim, foi recolhido um conjunto de dados de 200 viagens rodoviárias em que observadores humanos classificaram as viagens, sendo a pontuação final uma média de todas as pontuações combinadas. Tendo em conta a velocidade média, a distância do objeto.

Por fim, gostaria de concluir que a IA é um dos avanços significativos e poderosos que terá um enorme impacto no ser humano em todos os sectores da vida e, por isso, necessita de um acompanhamento contínuo e de atenção para enquadrar normas e políticas para os próximos anos. Embora os esforços iniciais em matéria de IA constituam um grande desafio, espera-se que a IA domine todos os domínios no futuro. A ênfase da IA não deve ser colocada apenas na capacidade das tecnologias, mas também na sua utilidade e aplicação no respetivo domínio. A IA irá, sem dúvida, capacitar a indústria da automação através de uma vasta base de conhecimentos e também infundir um elevado nível de inteligência em todo o processo de automação, o que ajudará a prevenir as ciberameaças e a contenção associadas. A IA tornar-se-á parte integrante de todos os processos e operações e continuará a evoluir e a inovar com o tempo, sem uma intervenção manual considerável . Para a adoção generalizada de sistemas de IA, as autoridades competentes devem estabelecer regulamentos e normas, disponibilizar disposições para a integração, dar formação e conhecimentos suficientes à base de utilizadores para os esclarecer sobre as suas funções e o papel dos sistemas de IA. Acima de tudo, o sistema de IA deve ser constantemente atualizado e incorporado nos avanços diários no domínio. Os futuros desenvolvimentos no domínio da IA devem centrar-se mais num ambiente de IA isento de preconceitos, amigo do ambiente, não radioativo, neutro em termos de carbono e eficiente em termos energéticos.

Referências

1. Barthelmess U., Furbach U., 2014. Precisamos das leis de Asimov? *MIT Technology Review*, http://arxiv.org/abs/1405.0961, Cambridge, MA.

2. Cio R., Travaglioni M., Piscitelli G., Petrillo A., Felice F.D., 2020. Aplicações de inteligência artificial e aprendizagem automática na produção inteligente: Progress, trends, and diretions. *Sustentabilidade, 12*, 492.

3. Gonzalez A.G.C., Alves M.V. S., Viana G.S., Carvalho L.K., 2018. Arquitetura de navegação baseada em controlo de supervisão: Um novo framework para robôs autónomos em ambientes da Indústria 4.0. *IEEE Transactions on Industrial Informatics, 14*(4), 1732-1743.

4. Harkut D.G., Kasat K., 2019. *Inteligência Artificial - Desafios e Aplicações*, Intech Open Ltd, Reino Unido.

5. McCarthy J., 2000. O livre arbítrio - mesmo para os robots. *Journal of Experimental and Theoretical Artificial Intelligence, 12*(3), 341-352. DOI: 10.1080/09528130050111473, UK.

6. McCarthy J., 2006. *The Philosophy of AI and AI of Philosophy*, Publicação da Universidade de Stanford, Stanford, CA.

7. McCarthy J., Minsky M.L., Rochester N., Shannon C.E., 2006. Uma proposta para o projeto de investigação de verão de Dartmouth sobre inteligência artificial. 31 de agosto de 1955. *AI Magazine, 27*(4), 12. DOI: https://doi.org/10.1609/aimag.v27i4.1904.

8. Oke S.A., 2008. Uma revisão da literatura sobre inteligência artificial. *Revista Internacional de Ciências da Informação e da Gestão, 19*, 535-570.

9. Russell S.J. e Norvig P., 2019. *Inteligência Artificial - Uma Abordagem Moderna*, IV edição, Pearson Education, New Jersey.

10. Shiebcr S.M., 2004. *The Turing Test - Verbal Behavior as the Hallmark of Intelligence*, MIT Press, Londres, Inglaterra.

11 Whitby B., 2008. *Artificial Intelligence - A Beginner 's Guide*, One World Publisher, Reino Unido.

12 . Yu K., Beam A.L., Kohane I.S., 2018. Inteligência artificial nos cuidados de saúde. *Natureza*

13. *Engenharia Biomédica, 2,* 719-731.

13 Barthelmess U. , Furbach U. , 2014. Precisamos das leis de Asimov? MIT Technology Review, http://arxiv.org/abs/1405.0961, Cambridge, MA.

15 Cio R. , Travaglioni M. , Piscitelli G. , Petrillo A. , Felice F.D. , 2020. Inteligência artificial e aplicações de aprendizagem de máquina na produção inteligente: Progress, trends, and diretions. Sustentabilidade, 12, 492.

16 . Gonzalez A.G.C. , Alves M.V. S. , Viana G.S. , Carvalho L.K. , 2018. Arquitetura de navegação baseada em controlo de supervisão: Uma nova

estrutura para robôs autónomos em ambientes da Indústria 4.0. IEEE Transactions on Industrial Informatics, 14(4), 1732-1743.

17 Harkut D.G. , Kasat K. , 2019. Inteligência Artificial - Desafios e Aplicações, Intech Open Ltd, Reino Unido.

18 . McCarthy J. , 2000. O livre arbítrio - mesmo para os robots. Journal of Experimental and Theoretical Artificial Intelligence, 12(3), 341-352. DOI: 10.1080/09528130050111473, UK.

19 . McCarthy J. , 2006. The Philosophy of AI and AI of Philosophy, Publicação da Universidade de Stanford, Stanford, CA.

20 McCarthy J. , Minsky M.L. , Rochester N. , Shannon C.E. , 2006. Uma proposta para o projeto de investigação de verão de Dartmouth sobre inteligência artificial. 31 de agosto de 1955. AI Magazine, 27(4), 12. DOI: https://doi.org/10.1609/aimag.v27i4.1904.

21 Oke S.A. , 2008. Uma revisão da literatura sobre inteligência artificial. Revista Internacional de Ciências da Informação e da Gestão, 19, 535-570.

22 Russell S.J. e Norvig P. , 2019. Inteligência Artificial - Uma Abordagem Moderna, IV edição, Pearson Education, New Jersey.

23 . Shieber S.M. , 2004. The Turing Test - Verbal Behavior as the Hallmark of Intelligence, MIT Press, Londres, Inglaterra.

24 Whitby B. , 2008. Artificial Intelligence - A Beginner's Guide, One World Publisher, Reino Unido.

25 Yu K., Beam A.L., Kohane I.S., 2018. Inteligência artificial na área da saúde. Nature Biomedical Engineering, 2, 719-731.

26 Carl J.V. e Maryellen L.G. (1994), Computer Vision and Artificial Intelligence in Mammography, American Journal of Roentgenology, 162, 699-708.

27 . d'Amico A. , Borys D. , e Gorczewska I. (2020), Radiomics and Artificial Intelligence for PET Imaging Analysis, Nuclear Medicine Review, 23(1), 36-39.

28 David J.W. , Tobias H. , Thomas J.W. , Daniel T.B. , e Bram S. (2019), Evaluation of an AIBased

29 Software de deteção de achados agudos em exames de tomografia computorizada abdominal

30 Toward an Automated Work List Prioritization of Routine CT Examinations, Investigative Radiology, 54(1), 55-60.

31 Geras K.J. , Mann R.M. , e Moy L. , (2019), Artificial Intelligence for Mammography and

32 Tomossíntese Digital da Mama: Current Concepts and Future Perspectives, Radiology, 293(2), 246-259.

1 3. Ian R.D. , Amanda J.B. , e Neil V. (2019), Melhorando a imagem PET

Aquisição e análise com aprendizado de máquina: A Narrative Review with Focus on Alzheimer's disease and Oncology, Molecular Imaging, 18, 1-11.

34 James H.T. , Xiang L. , Quanzheng L. , Cinthia C. , Synho D. , Keith D. , e James B. (2018),

35 Inteligência Artificial e Aprendizagem Automática em Radiologia: Opportunities, Challenges, Pitfalls, and Criteria for Success, Journal of the American College of Radiology, 15, 504-508.

36 Kasban H. , El-Bendary M.A.M. , and Salama D.H. (2015), A Comparative Study of Medical Imaging Techniques, International Journal of Information Science and Intelligent System, 4(2), 37-58.

37 . Koenigkam S.M. , Raniery Ferreira J.J. , Tadao Wad D. , et al. (2019), Inteligência Artificial, Aprendizado de Máquina, Diagnóstico Auxiliado por Computador e Radiômica: Avanços em Imagem Rumo à Medicina de Precisão, Radiologia Brasileira, 52(6), 387-396.

38 Lia M. , Silvia D. , e Loredana C. (2019), Inteligência Artificial em Imagens Médicas: Da teoria à prática clínica, EUA: CRC Taylor & Francis Group.

39 Martin J.W. e Peter B.N. (2019), The Evolution of Image Reconstruction for CT - From Filtered Back Projection to Artificial Intelligence, European Radiology, 29, 2185-2195.

40 . McKinney S.M. , Sieniek M. , Godbole V. , et al. (2020), International Evaluation of an AI System for Breast Cancer Screening, Nature, 577(2), 89-114.

41 . Shengfeng L. , Yi W. , Xin Y. , Baiying L. , Li L. , Shawn Xiang L. , Dong N. , e Tianfu W. (2019), Aprendizagem profunda na análise de ultrassom médico: Uma Revisão, Engenharia, 5, 261-275.

42 . Adobe , 2020a, Índice de Experiência 2020 Tendências Digitais.

43 .Adobe   ,   2020b, https://www.adobc.com/content/dam/www/us/en/offer/digital-trends-2020/digitaltrends- 2020-full-report.pdf [acedido em 17 de abril de 2020].

44 BT Telecommunications Plc (BT) , 2020a, O Cliente Autónomo.

45.BT , 2020b, https://www.globalservices.bt.com/content/dam/globalservices/images/down loads/whitepapers/

46 The-Autonomous-Customer-30012020-final.pdf [acedido em 15 de abril de 2020]. ferramenta de pesquisa. Jornal de Biologia Molecular, 215, 403-410.

47 Angermueller, C. , Lee, H. J. , Reik, W. , & Stegle, O. , 2017. DeepCpG: Previsão precisa de estados de metilação de DNA de célula única usando aprendizado profundo. Biologia do Genoma, 18(1), 67.

48 Bera, R. K. , 2019. Biologia Sintética, Inteligência Artificial e Computação

Quântica, Biologia Sintética - Nova Ciência Interdisciplinar, Intech Open, pp. 1-28.

49 . Bhasin, H. , & Bhatia, S. , 2011. Aplicação de algoritmos genéticos na aprendizagem de máquinas. Jornal Internacional de Ciências da Computação e Tecnologias da Informação, 2(5), 2412-2415.

50 Coccia, M. , 2020. Tecnologia de inteligência artificial em oncologia: Um novo paradigma tecnológico. Códigos JEL: O32, O33. Tecnologia na Sociedade, 60, 101198.

51 . Coudray, N. , Ocampo, P.S. , Sakellaropoulos, T. , Narula, N. , Snuderl, M. , Fenyö, D. , Moreira, A.L. , Razavian, N. , & Tsirigos, A. , 2018. Classificação e previsão de mutações a partir de imagens histopatológicas de cancro do pulmão de células não pequenas utilizando aprendizagem profunda. Nature Medicine, 24(10), 15591567.

52 Dennet, D. , 2008. Brainchildren: Essays on Designing Minds, MIT Press.

53 Dubitzky, W. , & Azuaje, F. , 2004. Artificial Intelligence Methods and Tools for Systems Biology. Computational Biology, vol. 5, Springer Netherlands, eBook ISBN 978-1-4020-2865-6. 10.1007/978-1-4020-58110.1568-2684

54 . Gambhire, Akshaya , & Shaikh Mohammad, Bilal N. , abril de 2020. Utilização da Inteligência Artificial na Agricultura. Actas da 3ª Conferência Internacional sobre Avanços em Ciência e Tecnologia (ICAST) 2020. Disponível em SSRN: https://ssrn.com/abstract=3571733 ou http://dx.doi.org/10.2139/ssrn.3571733

55 Haleem, A. , Javaid, M. , & Vaishya, R. , 2020. Efeitos da pandemia COVID 19 na vida quotidiana. Pesquisa e prática de medicina atual.

56 Hu, Z. , Ge, Q. , Jin, L. , & Xiong, M. , 2020. Previsão de inteligência artificial de covid-19 na China. Frontiers in Artificial Intelligence, 3, 41. arXiv preprint arXiv:2002.07112

57 Hunt, R. , & Shelley, J. , 2009. Computers and Commonsense, Prentice Hall of India Private Limited: New Delhi.

58 . Kantarjian, H. , & Yu, P. , 2015. Inteligência artificial, grandes volumes de dados e cancro. JAMA Oncology, 1(5), 573-574. DOI:10.1001/JAMAOncol.2015.1203

59 Mahmud, M. , Kaiser, M.S. , Hussain, A. , & Vassanelli, S. , 2018. Aplicações de aprendizagem profunda e aprendizagem por reforço a dados biológicos. IEEE Transactions on Neural Networks and Learning Systems, 29(6), 20632079.

60 Mamoshina, P. , Vieira, A. , Putin, E. , & Zhavoronkov, A. , 2016. Aplicações da aprendizagem profunda em biomedicina. Farmacêutica

Molecular, 13(5), 1445-1454.

61 McKevitt, P. , & Crevier, D. 2002. AI: The Tumultuous History of the Search for Artificial Intelligence, Basic Books, Londres e Nova Iorque, 1993. Pp. xiv+ 386. ISBN 0-465-02997-3. The British Journal for the History of Science, 30(1), 101-121.

62 Moore, J.H. , & Raghavachari, N. , 2019. Abordagens baseadas em inteligência artificial para identificar determinantes moleculares de saúde excecional e tempo de vida - Um workshop interdisciplinar no Instituto Nacional do Envelhecimento.
Frontiers in Artificial Intelligence, 2, 12.

63 Nagarajan, N. , Yapp, E.K.Y. , Le, N.Q.K. , Kamaraj, B. , Al-Subaie, A.M. , & Yeh, H.Y. , 2019. Aplicação de tecnologias de biologia computacional e inteligência artificial na descoberta de medicamentos de precisão para o cancro. BioMed Research International, 12, 8427042. DOI: 10.1155/2019/8427042.

64 . Oluwafemi, J.A. , Ayoola, I.O. , & Bankole, F. , 2014, agosto. Um sistema especialista para o diagnóstico de doenças do sangue. Revista Internacional de Aplicações Informáticas, 100(3), 36-40.

65 Patra, P.S.K. , Sahu, D.P. , & Mandal, I. , 2010. Um sistema pericial para o diagnóstico de doenças humanas. Revista Internacional de Aplicações Informáticas, 1(13), 71-73.

66 Perez, J. A. , Deligianni, F. , Ravi, D. , & Yang, G. Z. 2018. Inteligência artificial e robótica. arXiv preprint arXiv: 1803.10813, 147.

67 Rampasek, L. , & Goldenberg, A. , 2016. Tensorflow: A porta de entrada da biologia para a aprendizagem profunda? Cell Systems, 2(1), 12-14.

68 Rong, G. , Mendez, A. , Assi, E.B. , Zhao, B. , & Sawan, M. , 2020. Inteligência artificial nos cuidados de saúde: Revisão e previsão de estudos de caso. Engenharia, 6(3)291-301.

69 . Shanmuganathan, Subana, 2016. Modelagem de redes neurais artificiais: Uma introdução. Modelação de Redes Neuronais Artificiais. Springer: Cham, 1-14.

70 . Shukla Shubhendu, S. , & Vijay, J. , 2013. Aplicabilidade da inteligência artificial em diferentes domínios da vida. Revista Internacional de Engenharia e Investigação Científica, 1(1), 28-35.

71 . Soding, J. , 2017. Abordagens de big data para a previsão da estrutura de proteínas. Science, 355(6322), 248-249.

72 . Suthaharan, S. , 2014. Classificação de grandes volumes de dados: Problemas e desafios na previsão de intrusão de rede com aprendizado de máquina. ACM SIGMETRICS Performance Evaluation Review, 41(4), 70-73.

73 . Tatchell, J. , & Bennett, B. , 2009. Usborne "Guide to Understanding the

Micro". Em Watts Lisa (Ed.), Usborne Electronics.

74 . Thomson,R. , (Ed.), 1999. Lógica Filosófica e Inteligência Artificial, Kluver Academic.

75 Urban, J. , Cisar, P. , Pautsina, A. , Soukup, J. , & Barta, A. , 2013. Inteligência Artificial em Biologia, Computação Técnica Praga, 326.

76 Usman, S.M. , & Fong, S. , 2017. Previsão de crises epilépticas usando métodos de aprendizado de máquina. Métodos computacionais e matemáticos em medicina, 2017, 1-10.

77 . Precisão-Recall (scikit-learn) , A Relação entre Precisão-Recall e Curvas ROC, Uma Interpretação Probabilística da Precisão, Recall e F- Score, com Implicações para a Avaliação, 2020.

78 .https://www.technologyreview.com/2018/11/17/103781/what-is-machine-learning-we-drew-youanother- flowchart/, 01 Abr 2020.

79 .https://www.forbes.com/sites/bernardmarr/2018/07/25/how-is-ai-used-in-education-real-worldexamples-of-today-and-a-peek-into-the-future/#656c4353586e, 14 de abril de 2020.

80 .https://www.teachthought.com/the-future-of-learning/10-roles-for-artificial-intelligence-ineducation/,

81 . 14 Abr 2020.

82 .https://machinelearningmastery.com/machine-learning-in-python-step-by-step/, 14 de abril de 2020.

83 .https://pythonprogramming.net/machine-learning-tutorials/, 14 de abril de 2020.

84 . Crisman, J.D. e Cleary, M.E. , 2006. Developing Intelligent Wheelchairs for the Handicapped (Desenvolvimento de cadeiras de rodas inteligentes para deficientes). Assistive Technology and Artificial Intelligence, pp. 150-178.

85 Gips, J. , 1998. Sobre a construção da inteligência no EagleEyes. Assistive Technology and Artificial Intelligence.

86 Gomi, T. , 1992. Subsumption Robots and the Application of Intelligent Robots to the Service Industry (Robôs de subsunção e aplicação de robôs inteligentes à indústria de serviços). Applied AI Systems, Inc. Relatório interno.

87 .https://globalaccessibilitynews.com/2019/08/09/india-assistive-technology-for-all-2030-conference-focuses-infrastructure-assistive-devices/

88 .https://newzhook.com/story/visually-impaired-assistive-technology-national- association-fortheblind-beyond-eyes-accessibility-blind/

89 .https://niti.gov.in/writereaddata/files/document_publication/NationalStrateg y-for-AIDiscussion-Paper.pdf

90 .   https://www.microsoft.com/en-us/ai/ai-for-accessibility projects?activetab=pivot1:primaryr2

91 Krishnaveni, M. , Geethalakshmi, S.N. , Subashini, P. , Dhivyaprabha, T.T. , Lakshmi, S. , 2019.

92 . Modelo otimizado de rede neural backpropagation para sistema de interface cérebro-computador. In: Conferência Internacional de Cidades Inteligentes do IEEE.

Casablanca: IEEE, pp. 1-6. E-ISBN: 978-1-7281-0846-9, USB ISBN: 9781-7281-0845-2, Print on Demand (PoD) ISBN: 978-1-7281-0847-6, EISSN:2687-8860, Print on Demand (PoD) ISSN: 2687-8852, DOI:10.1109/ISC246665.2019.9071784.

93. Krishnaveni, M. , Subashini, P. , e Dhivyaprabha, T.T. , 2018. Uma estrutura assertiva para o sistema automático de reconhecimento de linguagem de sinais Tamil usando inteligência computacional. Em: Hemanth, Jude, Balas, Valentina Emilia, eds, Springer Técnicas de otimização inspiradas na natureza para aplicações de processamento de imagem, Capítulo 3, pp. 55-87. ISBN: 978-3-31996002-9.

94. McCoy, K. , 1998. Interface and Language Issues in Intelligent Systems for People withDisabilities (Questões de Interface e Linguagem em Sistemas Inteligentes para Pessoas com Deficiência). Assistive Technology and Artificial Intelligence, Applications in Robotics, User Interfaces, and Natural Language Processing. BOOK VL. 1458, DOI: 10.1007/BFb005596.

95. Patricia, A. , Shi-Kuo, C. , Giuseppe, P. , e Bruce, B. , 1994. Design de linguagem icónica para pessoas com deficiências significativas na fala e múltiplas. DOI: 10.1007/BFb0055967.

96. Pennington, C.A. e McCoy, K.F. , 2006. Fornecimento de feedback linguístico inteligente para utilizadores de comunicação aumentativa. Assistive Technology and Artificial Intelligence, pp. 59-72.

97. Subha Rajam, P. e Balakrishnan, G. , 2012. Reconhecimento do alfabeto da língua gestual tamil utilizando o processamento de imagem para ajudar os surdos-mudos. Elsevier Procedia Engineering, 30, 861-868.

98. Subashini, P. , Dhivyaprabha, T.T. , Krishnaveni, M. , Vedha Viyas, G. , 2017. Otimização sinérgica de fibroblastos baseada em aprendizado por reforço aprimorado para assistência inteligente

99. Dispositivo. In: Série de Simpósios IEEE sobre Inteligência Computacional. Hawaii: IEEE, pp. 2015-2022. ISBN: 978-1-5386-4058-6, DOI: 10.1109/SSCI.2017.8280942.

100. Subashini, P. , Dhivyaprabha, T.T. , Krishnaveni, M. , e Vedha Viyas, G. , 2019. Algoritmo de aprendizado Q otimizado baseado em fator de motilidade para bengala inteligente. Revista Internacional de Pesquisa e Revisões Analíticas, 6(1), 532-539. E-ISSN: 2348-1269, P-ISSN: 2349-5138.

101. Tokuda, M. e Okumura, M. , 2006. Towards automatic translation from Japanese intoJapanese sign language (Para uma tradução automática do japonês para a língua gestual japonesa). Assistive Technology and Artificial Intelligence, pp. 97-108.

102. Abduljabbar, R. et al. , 2019. Aplicações da inteligência artificial nos transportes: Uma visão geral, sustentabilidade, MDPI, 11(1), 1-24.

103. Agarwal, V. , 2017. O que é um conjunto de dados de treino e um conjunto de dados de teste na aprendizagem automática? Quais são as regras para os selecionar? https://quora.com/What-is-a-training-data-set-test-data-set-in- machinelearning-What-are-the-rules-for-selecting-them

104. Bakshi, K. , 2017. Os sete passos da aprendizagem automática, https://techleer.com/articles/379-theseven-steps-of-machine-learning/ [Acedido em 20 de março de 2020]

105. Barragán, P.Z. et al. , 2019. Modelo de aprendizagem automática urbana: Classificação automática de edifícios e estruturas, https://blogs.iadb.org/ciudades-sostenibles/en/urban-machine-learningautomatic-classification-of-buildings-and-structures/

106. Beklemysheva, A. , 2020. Porquê usar Python para IA e aprendizagem automática? https://steelkiwi.com/blog/python-for-ai-and-machine-learning/ [Acedido em 20 de março de 2020]

107. Brownley, J. , 2018. Problemas práticos de aprendizagem automática, https://machinelearningmastery.com/practical-machine-learning-problems/ [Acedido em 15 de abril de 2020]

108. Brownley, J. , 2019a. Uma introdução suave ao algoritmo de aumento de gradiente para aprendizado de máquina, https://machinelearningmastery.com/gentle- introduction-gradient-boosting-algorithmmachine-learning/ [Acessado em 23 de março de 2020]

109. Brownley, J. , 2019b. Seu primeiro projeto de aprendizado de máquina em Python passo a passo, https://machinelearningmastery.com/machine-learning-in-python-step-by- step/ [Acessado em 24 de março de 2020]

110. Brownley, J. , 2020. Conceitos básicos em aprendizagem automática, https://machinelearningmastery.com/basic-concepts-in-machine-learning/ [Acedido em 24 de março de 2020]

111. Chaudury, A. , 2020. Principais bases de dados utilizadas em projectos de aprendizagem automática, https://analyticsindiamag.com/top-databases-used-in-machine-learning-projects/ [Acedido em 24 de março de 2020]

112. Daffodil Software , 2017. Aplicações da aprendizagem automática na vida quotidiana,

113. https://medium.com/app-affairs/9-applications-of-machine-learning-from-day-to-day-life-112a47a429d0 [Acedido em 25 de março de 2020]

114. Data Core Systems , 2018. 6 formas como a aprendizagem automática pode transformar o sector dos transportes, https://datacoresystems.com/insights/6-ways-machine-learning-can- transform-transportation-industry

115. [Acedido em 27 de março de 2020].

116. Equipa DataFlair , 2018a. Algoritmo de reforço de gradiente - Funcionamento e melhorias, https://dataflair.training/blogs/gradient-boosting-algorithm/ [Acedido em 25 de março de 2020]

117. Equipa DataFlair , 2018b. Aplicações da vida real do SVM, https://dataflair.training/blogs/applications-of-svm/ [Acedido em 24 de março de 2020]

118. Equipa DataFlair , 2018c. O que é redução de dimensionalidade? https://dataflair. training/blogs/dimensionality-reduction-tutorial [Acedido em 25 de março de 2020]

119. Equipa DataFlair , 2019a. 11 Principais algoritmos de aprendizagem automática utilizados pelos cientistas de dados, https://data-flair.training/blogs/machine-learning-algorithms/ [Acedido em 25 de março de 2020]

120. Equipa DataFlair , 2019b. Como é que a Google utiliza a aprendizagem automática para revolucionar o mundo da Internet? https://data-flair.training/blogs/how-google-uses-machine-learning/ [Acedido em 27 de março de 2020]

121. Equipa , 2019c. Como é que a aprendizagem automática está a melhorar o futuro da educação? https://data-flair.training/blogs/machine-learning-in-education/ [Acedido em 25 de março de 2020]

122. Equipa DataFlair , 2019d. Aprendizagem automática em finanças - 15 aplicações para aspirantes a cientistas de dados, https://data-flair.training/blogs/machine-learning-in-finance/ [Acedido em 25 de março de 2020]

123. Equipa DataFlair , 2019e. Aprendizagem automática nos cuidados de saúde - Desbloquear todo o potencial!, https://data-flair.training/blogs/machine-learning-in-healthcare/ [Acedido em 25 de março de 2020]

124. Dhiman, A. , 2017. O que é o algoritmo do vizinho mais próximo (k-

nearest neighbour)? Que tipo de problemas podem ser resolvidos por este algoritmo? Que tipo de matemática é https://quora.com/What-is-the-k-Nearest-Neighbour-algorithm- What-type-of-problems-can-be-solved-by-this-algorithm-Whattype-of-math- is-required?q=k-nearest%20neighbou necessária? [Acedido em 25 de março de 2020]

125. Ganshin, A. , 2019. Avanço da previsão do tempo com aprendizado de máquina, https://itproportal.com/features/advancing-weather-forecasting-with-machine-learning/ [Acessado em 24 de março de 2020]

126. Gupta, A. , 2019. Algoritmos de aprendizagem automática na condução autónoma, https://iiotworld.com/machine-learning/machine-learning-algorithms-in- autonomous-driving/ [Acedido em 25 de março de 2020]

127. Gupta, N. , 2020. Porque é que o Python é utilizado para a aprendizagem automática? https://hackernoon.com/whypython-used-for-machine-learning-u13f922ug [Acedido em 26 de março de 2020]

128. Equipa Guru99 , 2020a. Aprendizagem por reforço: O que é, algoritmos, aplicações, exemplos,

129. https://guru99.com/reinforcement-learning-tutorial.html [Acedido 26 de março de 2020]

130. Equipa Guru99 , 2020b. Aprendizagem automática supervisionada: O que é, algoritmos, exemplos,
https://guru99.com/supervised-machine-learning.html [Acedido em 26 de março de 2020]

131. Equipa Guru99 , 2020c. Aprendizagem automática não supervisionada: O que é, algoritmos, exemplos,
https://guru99.com/unsupervised-machine-learning.html [Acedido em 23 de março de 2020]

132. Hatalis, K. , 2019. Florestas aleatórias (algoritmo), https://quora.com/topic/Random-Forestsalgorithm?q=random%20forest [Acedido em 25 de março de 2020]

133. Jack , 2020. Os 10 principais quadros de aprendizagem automática, https://hackernoon.com/top-10-machine-learning-frameworks-for-2019-h6120305j [Acedido em 25 de março de 2020]

134. Liakos, K.G. et al. , 2018. Aprendizagem automática na agricultura: Uma revisão, Sensors, 18, 2674.

135. Maklin, C. , 2019. Exemplo de máquina de vetor de suporte Python, https://towardsdatascience.com/support-vetor-machine-python-example-d67d9b63f1c8 [Acessado em 27 de março de 2020]

136. Mayo, M. , 2018. Estruturas para abordar o processo de aprendizagem automática,

https://kdnuggets.com/2018/05/general-approaches-machine-learning-process.html [Acedido em 27 de março de 2020]

137. Navlani, A. , 2018. Entendendo classificadores de florestas aleatórias em Python,
https://datacamp.com/community/tutorials/random-forests-classifier-python [Acedido em 26 de março de 2020]

138. Powar, S. , 2018. Qual é a melhor base de dados para a aprendizagem automática?   https://quora.com/Whichdatabase-is-best-for-machine-learning [Acedido em 23 de março de 2020]

139. Priyadharshini , 2020. O que é a aprendizagem automática e como funciona,
https://simplilearn.com/what-is-machine-learning-and-why-it-matters-article [Acedido em 15 de abril de 2020]

140. Ramakrishnan, N. , 2017. Como funciona a aprendizagem automática? https://quora.com/Why-ismachine-learning-being-given-so-much-   importance [Acedido em 14 de abril de 2020]

141. Ravindra, S. , 2017. Os algoritmos de aprendizagem automática utilizados nos automóveis autónomos,
https://kdnuggets.com/2017/06/machine-learning-algorithms-used-self- driving-cars.html [Acedido em 29 de março de 2020]

142. Ray, S. , 2017. Algoritmos de aprendizagem automática comummente utilizados (com códigos Python e R),
https://analyticsvidhya.com/blog/2017/09/common-machine-learning-algorithms/ [Acedido em 28 de março de 2020]

143. Rizvi, M.S. , 2019. 21 Ferramentas de código aberto imperdíveis para aprendizado de máquina que você provavelmente não está usando,
https://analyticsvidhya.com/blog/2019/07/21-open-source-machine-learning-tools/ [Acedido em 29 de março de 2020].

144. Robótica , 2017. Robótica na agricultura: tipos e aplicações,
https://www.automate.org/blogs/robotics-in-agriculture-types-and- applications [Acedido em 16 de abril de 2020]

145. Sagar, N. , 2018. Em que aplicações do mundo real é utilizado o classificador Naive Bayes?
https://quora.com/In-what-real-world-applications-is-Naive-Bayes-classifier-utilizado [Acedido em 30 de março de 2020]

146. Saurabh , 2018. Tipos de algoritmos de aprendizagem automática e sua utilização,   http://www.volrum.com/2018/09/30/types-of-machine-learning-algorithms- and-their-use/ [Acedido em 20 de abril de 2020]

147. Sayantini , 2020. Os 10 principais frameworks de aprendizado de

máquina que você precisa conhecer,

148. https://edureka.co/blog/top-10-machine-learning-frameworks/ [Acedido em 30 de março de 2020].

149. Singh, A. , 2020. Como funciona a aprendizagem automática? https://quora.com/How-does-machinelearning- work [Acedido em 30 de março de 2020]

150. Stecanella, B. , 2017. Uma explicação prática de um classificador Naive Bayes,

151. https://monkeylearn.com/blog/practical-explanation-naive-bayes-classifier/ [Acedido em 15 de abril de 2020]

152. Techno Stacks , 2018. O papel da aprendizagem automática na agricultura dos tempos modernos,

153. https://technostacks.com/blog/machine-learning-in-agriculture/ [Acedido em 16 de abril de 2020].

154. Thomas, M. , 2019. 15 Exemplos de aprendizagem automática nos cuidados de saúde que estão a revolucionar a medicina, https://builtin.com/artificial- intelligence/machine-learning-healthcare [Acedido em 17 de abril de 2020]

155. Vatsal, A. , 2018. Para que serve a aprendizagem automática? https://quora.com/What-is-machine-learning-for [Acedido em 14 de abril de 2020]

156. Wikipedia Inc. , 2020a. Teorema de Bayes, https://en.wikipedia.org/wiki/Bayes%27_theorem [Acedido em 18 de abril de 2020]

157. Wikipedia Inc. , 2020b. Análise de clusters, https://en.wikipedia.org/wiki/Cluster_analysis [Acedido em 9 de abril de 2020]

158. Wikipédia Inc. , 2020c. Aprendizagem automática, https://en.wikipedia.org/wiki/Machine_learning [Acedido em 26 de abril de 2020]

159. Wikipédia Inc. , 2020d. Implantação de software, https://en.wikipedia.org/wiki/Software_deployment [Acedido em 16 de abril de 2020]

160. Xiao, I. , 2020. As ferramentas de aprendizagem automática mais úteis de 2020, https://kdnuggets.com/2020/03/most-useful-machine-learning-tools-2020.html [Acedido em 18 de abril de 2020]

161. Yufeng, G. , 2017. Os 7 passos da aprendizagem automática, https://towardsdatascience.com/the-7-steps-of-machine-learning- 2877d7e5548e [Acedido em 5 de abril de 2020]

162. Ahmed Elgohary , Matthias Boehm , Peter J. Haas , Frederick R. Reiss ,

Berthold Reinwald ,2019. Álgebra linear comprimida para aprendizagem automática declarativa em grande escala, Communications of the ACM, 62(5), 83-95.

163. Charu C. Aggarwal , 2020. Álgebra Linear e Otimização para Aprendizagem Automática: A Textbook, Springer Nature, Suíça, 507 pp.

164. Engin Ipek , 2019. Aceleradores memristive para álgebra linear densa e esparsa: Da aprendizagem automática à computação científica de alto desempenho, IEEE Micro, 39(1), 58-61.

165. Ethem Alpaydin , 2020. Introduction to Machine Learning, 4ª ed., The MIT Press, Cambridge, Massachusetts, 643 pp.

166. Gilbert Strang , 2020. Linear Algebra and Learning from Data, Wellesley Publishers, Índia, 415 pp.

167. Jean Gallier , Jocelyn Quaintance , 2019. Linear Algebra for Computer Vision, Robotics, and Machine Learning, University of Pennsylvania, Philadelphia, PA, USA, 753 pp.

168. Ahmed Elgohary , Matthias Boehm , Peter J. Haas , Frederick R. Reiss , Berthold Reinwald , 2019. Álgebra linear comprimida para aprendizagem automática declarativa em grande escala, Communications of the ACM, 62(5), 83-95.

169. Charu C. Aggarwal , 2020. Álgebra Linear e Otimização para Aprendizagem Automática: A Textbook, Springer Nature, Switzerland, 507 pp.

170. Engin Ipek , 2019. Aceleradores memristive para álgebra linear densa e esparsa: Da aprendizagem automática à computação científica de alto desempenho, IEEE Micro, 39(1), 58-61.

171. Ethem Alpaydin , 2020. Introduction to Machine Learning, 4ª ed., The MIT Press, Cambridge, Massachusetts, 643 pp.

172. Gilbert Strang , 2020. Linear Algebra and Learning from Data, Wellesley Publishers, Índia, 415 pp.

173. Jean Gallier , Jocelyn Quaintance , 2019. Álgebra linear para visão computacional, robótica e

174. Machine Learning, University of Pennsylvania, Filadélfia, PA, EUA, 753 pp.

175. Antowiak, M. , Chalasinska, M.K. , 2003. Finger identification by using artificial neural network with optical wavelet preprocessing. Optoelectronics Review 11, 327-337.

176. Arnal Barbedo, J.G. , 2013. Técnicas de processamento digital de imagens para a deteção, quantificação e classificação de doenças de plantas. Springer Plus 2, 660665.

177. Arun, C.H. , Emmanuel, W.R.S. , Durairaj, D.C. , 2013. Extração de

caraterísticas de textura para identificação de plantas medicinais e comparação de diferentes classificadores. Revista Internacional de Aplicações Informáticas 62, 1-9.

178. Awasthi, D.D. , 2007. Compendium of the macrolichens from India, Nepal and Sri Lanka. Bishen Singh Mahendra Pal Singh, Uttarakhand, Índia.

179. Ayyappadasan, G. , Madhupreetha, T. , Ponmurugan, P. , Jeyaprakash, S. , 2017. Atividade antibacteriana e antioxidante de Parmotrema reticulatum obtida de Ghats orientais, sul da Índia. Pesquisa Biomédica 28, 1593-1597.

180. Baxt, W.G. , 1995. Application of artificial neural networks to clinical medicine (Aplicação de redes neurais artificiais à medicina clínica). The Lancet 346, 1135-1138.

181. Belongies, S. , Malik, K. , Jitendra, L. , Puzicha, L. , 2002. Correspondência de formas e reconhecimento de objectos utilizando contextos de formas. IEEE Transactions on Pattern Analysis and Machine Intelligence 24, 121-137.

182. Brindha, B. , Anusuya, P. , Karunya, S. , 2015. Técnicas de aprimoramento de imagem. Revista Internacional de Pesquisa em Engenharia e Tecnologia 4, 455-459.

183. Chellappa, R. , Wilson, C. , Sirohey, S. , 1995. Human and machine recognition of faces: A survey. Actas do IEEE 83, 705-740.

184. Dennis, R.L.H. , Shreeve, T.G. , Arnold, R. , Henry, R. , David, B. , 2005. A amplitude da dieta controla o tamanho da distribuição dos insectos herbívoros? História de vida e saídas de recursos para borboletas especialistas. Journal of Insect Conservation 9, 187-200.

185. Fu, K.S. , 1996. Digital Pattern Recognition (Reconhecimento de padrões digitais). Springer-Verlag, Londres, Reino Unido. 228 pp.

186. Gomez, K.A. , Gomez, A.A. , 1984. Statistical Procedure for Agricultural Research, 2nd edn.

187. Instituto Internacional de Investigação do Arroz, Los Banos, Filipinas, pp. 183-190.

188. Hale, F. , Mason, E. , 2008. Biology of Lichens and Identification Procedures. Edward Arnold Publishers Ltd, Londres, Reino Unido. 325 pp.

189. Harpel, D. , Cullen, D.A. , Ott, S.R. , Jiggins, C.D. , Walters, J.R. , 2015. Proteómica de alimentação de pólen: Proteínas salivares da borboleta da flor da paixão, Heliconius melpomene . Bioquímica e Biologia Molecular de Insectos 63, 7-13.

190. Janani, P. , Premaladha, J. , Ravichandran, K.S. , 2015. Técnicas de aprimoramento de imagem: Um estudo. Jornal Indiano de Ciência e Tecnologia 8, 1-12.

191. Hamuda, E. , Glavin, M. , Jones, E. , 2016. Um levantamento das técnicas de processamento de imagem para plantas

192. extração e segmentação no campo. Computadores e eletrónica na agricultura 125,184-199.

193. Kalidoss, R. , Ayyappadasan, G. , Gnanamangai, B.M. , Ponmurugan, P. , 2020. Atividade antibacteriana do líquen Parmotrema spp. Jornal Internacional de Ciências Biológicas Farmacêuticas 8, 7-11.

194. Kalidoss, R. , Poornima, S. , Ponmurugan, P. , 2020. Atividades antimicrobianas e antiproliferativas do composto depside isolado da cultura micobionte de Parmotrema austrosinense (Zahlbr.) Hale. Jornal de Microbiologia Pura e Aplicada 14, 2525-2541.

195. Khaldi, A. , Farida, M.H. , 2012. Um contorno ativo para segmentação de imagens de alcance. Processamento de sinais e imagens: Revista Internacional de Computação 3, 17-29.

196. Kulkarni, A.D. , 1994. Artificial Neural Networks for Image Understanding (Redes Neuronais Artificiais para a Compreensão de Imagens). International Thomson Publishers, Nova Iorque, EUA, 421 pp.

197. Le Hoang, T. , Hai, T.S. , Thuy, N.T. , 2012. Classificação de imagens usando máquina de vetor de suporte e rede neural artificial. Revista Internacional de Tecnologia da Informação e Ciência da Computação 5, 32-38.

198. Lucking, R. , 2008. Foliicolous Lichenized Fungi. New York Botanical Garden Press, Bronx, Nova Iorque, EUA, 741 pp.

199. Maini, R. , Aggarwal, H. , 2010. A comprehensive review of image enhancement techniques. Journal of Computing 2, 8-13.

200. Mariraj, M. , Kalidoss, R. , Vinayaka, K.S. , Nayaka, S. , Ponmurugan, P. , 2020. Usnea dasaea , mais uma nova adição à Lichen Flora do estado de Tamil Nadu, Índia. Current Botany 11,138-141.

201. Murugan, K. , 2009. Biodiversity conservation of butterflies in the Western Ghats, Southern India (Conservação da biodiversidade de borboletas nos Ghats Ocidentais, Sul da Índia). In: Victor, R. & Robinson, M.D. (eds) Proceedings of the International Conference on Mountains of the World, Ecology, Conservation and Sustainable Development. Universidade Sultão Qaboos, Omã, pp. 74-77.

202. Narendran, T.C. , 2001. Taxonomic entomology research and education in India. Current Science 81, 445-447.

203. Piyush, M. , Shah, B.N. , Vandana, S. , 2013. Segmentação de imagem usando agrupamento K-mean para encontrar tumor em aplicação médica. Revista Internacional de Tendências e Tecnologias Informáticas 4, 1239-1242.

204. Ponmurugan, P. , 2018. Biotechnology Techniques in Biodiversity

Conservation (Técnicas de Biotecnologia na Conservação da Biodiversidade). New Age International, Nova Deli, Índia, 222 pp.

205. Ponmurugan, P. , Ayyappadasan, G. , Verma, R.S. , Nayaka, S. , 2016. Levantamento, padrão de distribuição e composição elementar de líquenes nas colinas de Yercaud dos Ghats Orientais no sul da Índia. Jornal de Biologia Ambiental 37, 407-412.

206. Senthilkumaran, N. , Vaithegi, S. , 2016. Segmentação de imagens usando técnicas de limiarização para imagens médicas. Revista Internacional de Ciência e Engenharia da Computação 6, 1-13.

207. Sheikh, T. , Raghad, R. , 2016. Um estudo comparativo de várias técnicas de filtragem de imagem para remover vários pixels ruidosos em imagem aérea. Revista Internacional de Processamento de Sinais 9, 113-124.

208. Shrestha, G. , ElNaggar, A.M. , St. Clair, L.L. , O'Neill, K.L. , 2015. Actividades anticancerígenas de espécies selecionadas de extractos de líquenes da América do Norte. Pesquisa em Fototerapia 29, 100-107.

209. Smach, F. , Atri, M. , Mitéran, J. , Abid, M. , 2006. Conceção de um classificador de redes neurais para a deteção de rostos. Journal of Computer Science 2, 257260.

210. Srygley, R.B. , Thomas, A.L.R. , 2002. Aerodinâmica do voo dos insectos: Flow visualisations with free flying butterflies reveal a variety of unconventional lift-generating mechanisms. Nature 420, 660-664.

211. Tanas, S. , Odabasoglu, F. , Halici, Z. , Cakir, A. , Aygun, H. , Aslan, A. , Suleyman, H. , 2010. Avaliação das actividades anti-inflamatórias e antioxidantes das espécies de líquenes Peltigera rufescens em modelos de inflamação aguda e crónica. Jornal de Medicina Natural 64, 42-45.

212. Vaishnavi, R. , Jamuna, S. , Usha, C.S. , 2019. Um artigo de pesquisa sobre a identificação de folhas doentes em plantas com a implementação de IOT e processamento de imagens. Revista Internacional de Pesquisa em Engenharia da Computação e Ciências 1, 25-29.

213. Vartia, K.O. , 1973. Antibióticos em líquenes. In: Ahmadjian, V. , & Hale, M.E. (eds) The Lichens. Academic Press, Nova Iorque, EUA, 561 pp.

214. Vivian, M. , Françoise, C.M. , Daren, B. , Shannon, S. , Gary, D. , Julian, D. , 2001. Taxonomic status: Presente e futuro. Tendências em Biotecnologia 19, 349-355.

215. Vukusic, P. , Sambles, J.R. , Ghiradella, H. , 2000. Classificação ótica da microestrutura em escalas de asas de borboleta. Notícias da Ciência Fotónica 6, 61-66.

216. Yago, M. , Yoshitake, H. , Ohshima, Y. , Katsuyama, R. , Sivaramakrishnan, S. , Murugan, K. , Ito, M. , 2010. Butterflies collected from

Coimbatore, Tamil Nadu, South India with comment on its conservation significance. Butterflies 54, 45-53.

217. Agatonovic Kustrins, S. , Beresford, R. , 2000. Basic concepts of artificial neural network (ANN) modeling and its application in pharmaceutical research, Journal of Pharmaceutical Biomedical Analysis, 22(5), pp. 717-727.

218. Ajibola, O.O.E. , Olunloyo, V.O.S. , Ibidapo-Obe, O. , 2011. Simulação de rede neural artificial da marcha do braço em doentes com doença de Huntington, International Journal of Biomechatronics and Biomedical Robotics, 1(3), pp. 133-140.

219. Duch, W. , Jankowski, N. , 2001. Funções de transferência: Possibilidades ocultas para melhores redes neurais. Conferência: ESANN 2001, 9º Simpósio Europeu sobre Redes Neuronais Artificiais,

220. Bruges, Bélgica, 25-27 de abril de 2001, Actas, 81-94.

221. Haykin, S. , 1999. Neural Networks: A Comprehensive Foundation, 2nd edn. Prentice Hall, Upper Saddle River, EUA.

222. Haykin, S.S. , 2009. Neural Networks and Learning Machines. Pearson, Upper Saddle River, N.J.

223. Ibiwoye, A. , Ajibola, O.O.E. , Sogunro, A.B. , 2012. Modelo de rede neural artificial para prever a insolvência de seguros, International Journal of Management and Business, 2(1), pp. 59-68.

224. Minsky, M. , Papert, S. , 1969. Perceptrons. MIT Press, Oxford, Inglaterra. Parker, D. , 1985. Learning-logic, Relatório Técnico TR-47, Center for Computational Research in Economics and Management Science, MIT.

225. Rumelhart, D. , McClelland, J. , Williams, R. , 1986. Parallel Recognition in Modern Computers Processing: Explorations in the Microstructure of Cognition, Vol. 1, MIT Press Foundations, Cambridge, MA.

226. Stergious, C. , Siganos, D. , 2007. Redes Neurais. Disponível: www.Doc.k.ac.uk/and/surprise96/journal/Vol4/cs11/report.html

I want morebooks!

Buy your books fast and straightforward online - at one of world's fastest growing online book stores! Environmentally sound due to Print-on-Demand technologies.

Buy your books online at
www.morebooks.shop

Compre os seus livros mais rápido e diretamente na internet, em uma das livrarias on-line com o maior crescimento no mundo! Produção que protege o meio ambiente através das tecnologias de impressão sob demanda.

Compre os seus livros on-line em
www.morebooks.shop